HERBERT KÄSTNER / PETER GÖTHNER

# Algebra – aller Anfang ist leicht

4. AUFLAGE

MIT 30 ABBILDUNGEN

BSB B. G. TEUBNER VERLAGSGESELLSCHAFT 1989

Den Umschlag gestaltete E. Kretschmer, Leipzig.
Vergleiche dazu Text S. 121.

Kästner, Herbert:
Algebra – aller Anfang ist leicht/H. Kästner; P. Göthner. –
4. Aufl. – Leipzig: BSB Teubner, 1989. –
156 S.: 30 Abb.
(Mathematische Schülerbücherei; 107)
NE: Göthner, Peter:; GT
ISBN 978-3-322-00382-9      ISBN 978-3-322-93036-1 (eBook)
DOI 10.1007/978-3-322-93036-1

Math. Sch.büch.
ISSN 0076–5449



Gesamtherstellung: INTERDRUCK Graphischer Großbetrieb Leipzig,
Betrieb der ausgezeichneten Qualitätsarbeit, III/18/97
Bestell-Nr. 666 138 1
00840

# Vorwort

„Gebranntes Kind scheut das Feuer", und zwar scheut es jedes Feuer, obgleich es sich nur an einem ganz bestimmten gebrannt hat: es hat seine Erfahrungen verallgemeinert. Wir wollen in diesem Büchlein viele unserer Erfahrungen mit der Mathematik verallgemeinern. Beispielsweise werden wir sehen, daß der Einteilung aller Brüche in Klassen quotientengleicher Brüche, der Dreiecke in Klassen kongruenter Dreiecke oder der Einteilung linearer Gleichungssysteme in Klassen äquivalenter Systeme das gleiche Denkprinzip zugrunde liegt. Diese interessanten Analogien und überraschenden Zusammenhänge zwischen scheinbar weit auseinanderliegenden Gebieten werden uns ermöglichen, mathematische Inhalte zu *ordnen* und zu *systematisieren*.

Solche Analogien bemerken wir auch bei der Untersuchung der Eigenschaften von Rechenoperationen in gewissen Mengen; z. B. gehorchen die Multiplikation rationaler Zahlen, die Addition von Vektoren, die Nacheinanderausführung von Drehungen um einen festen Punkt der Ebene, die Addition von Funktionen nahezu demselben „Regelwerk". Offenbar ist es nicht so wesentlich, *womit* man rechnet, sondern vielmehr *wie* man rechnet, und als sehr fruchtbar erweist sich die Idee, von der konkreten Natur der Elemente der Menge, der konkreten inhaltlichen Deutung der Operationen abzusehen und Mengen *irgendwelcher* Elemente zu betrachten, in denen *irgendwelche* Operationen definiert sind, die bestimmten wohldefinierten Regeln genügen sollen. Dies führt zum Begriff der *algebraischen Struktur*, und die konkreten Mengen mit konkreten, jenen Regeln gehorchenden Operationen sind dann *Modelle* für diese Struktur. Es hieße jedoch auf halbem Wege stehenbleiben, wenn wir uns damit begnügten, aus dem Betrachten der mathematischen Umwelt durch Abstraktion neue Begriffe zu gewinnen, mit denen diese Umwelt geordnet und systematisiert werden kann. Es zeigt sich, daß man aus einem relativ kleinen, in sogenannten Axiomen festgelegten Kern von Regeln ein ganzes Regelwerk ableiten, eine ganze Theorie der jeweiligen Struktur aufbauen kann. Diese allgemeinen Gesetzmäßigkeiten gelten dann in jedem konkreten Struktur-Modell, und ihre Ableitung braucht nicht mehr in jedem konkreten Fall für sich und immer von neuem durchgeführt zu werden, sondern wird auf einen einmaligen Beweis in der Theorie der entsprechenden Struktur reduziert. Neben dem Gewinn an Klarheit und Strenge erweist sich diese Beweisökonomie als ein großer Vorteil strukturellen Denkens. Darüber hinaus erlauben algebraische Hilfsmittel auch einen relativ raschen Zugang zu speziellen mathematischen Gebieten – wir werden als „Nebenprodukt" u. a. das Rechnen mit Matrizen und mit Restklassen ganzer Zahlen kennenlernen.

Unser Buch stellt sich das Ziel, in diese strukturelle Denkweise einzuführen, beim Leser Appetit zu wecken auf eine weiterführende Beschäftigung mit algebraischen Strukturen und zu helfen, diese Studien auf ein gesichertes Fundament zu gründen.

„Aller Anfang (der Algebra) ist leicht", verspricht der Titel des Bändchens. Vom Mitdenken, vom selbständigen Lösen einiger Aufgaben, vom gelegentlichen Wiederholen kann freilich niemand befreit werden, der sich ernsthaft mit der Mathematik beschäftigen will. Obwohl wir demzufolge keinen bequemen Weg zur Algebra bieten können, haben wir uns jedoch bemüht, ihn nach Möglichkeit zu erleichtern,

– indem stets von elementaren Fragestellungen und faßlichen Beispielen ausgegangen und eine präzise Fassung des Gegenstandes schrittweise erarbeitet wird;
– indem eine Vielzahl von Beispielen wiederholt aufgegriffen und unter veränderten Problemstellungen untersucht wird;
– indem man sich durch eine relativ breite Darstellung in den ersten Kapiteln „einlesen" und gut vorbereitet die Hürden in den letzten Abschnitten überwinden kann.

Auch wird die Beschäftigung mit Relationen und Operationen in besonderen Kapiteln den Weg für die Einführung algebraischer Strukturen ebnen, zumal diese Kapitel schon sehr viel „algebraisches Gedankengut" enthalten. Vorangestellt ist ein einführender Teil über Mengen, von dem der Leser je nach seinen Vorkenntnissen einige Abschnitte auch überschlagen kann.

Mathematische Zeichen und Symbole sind, sofern ihre Kenntnis nicht vorausgesetzt werden kann, an Ort und Stelle erläutert, ansonsten so gewählt wie im Mathematikunterricht üblich, also z.B. N für die Menge der natürlichen Zahlen, G für die Menge der ganzen Zahlen, R* bzw. R bzw. P für die Menge der gebrochenen bzw. der rationalen bzw. der reellen Zahlen. Wichtige Definitionen und Sätze sind durch Umrandung optisch hervorgehoben und numeriert; dabei bedeutet z. B. „Definition 3.4" die vierte Definition des Kapitels 3 und analog „Satz 2.3" den Satz 3 im Kapitel 2. Im weiteren Text sind diese Definitionen und Sätze dann mit Kurzbezeichnungen, z. B. D(3.4) bzw. S(2.3), zitiert.

Jedes der vier Kapitel „Mengen", „Relationen", „Operationen" und „Algebraische Strukturen" schließt mit einem Angebot an Aufgaben, zu denen der Leser am Ende des Büchleins Lösungshinweise findet.

Bereits auf der Basis des bis zur Klasse 9 gelehrten Mathematikstoffes kann man die Gedankengänge unseres Büchleins verfolgen. Leser werden also vor allem an Mathematik interessierte Schüler sein; jedoch könnte es sich auch als nützlich für Studenten der ersten Semester und als anregend für Mathematiklehrer erweisen.

Zum Schluß dieser Vorbemerkungen ist es uns ein Bedürfnis, dem BSB B. G. Teubner Verlagsgesellschaft Leipzig und dabei insbesondere Herrn Jürgen Weiß als Lektor für die verständnisvolle Zusammenarbeit sowie dem Graphischen Großbetrieb Interdruck für die Sorgfalt bei der Herstellung herzlich zu danken.

Leipzig, im Juni 1983 Die Autoren

# Inhalt

# 1. Mengen

## Eine Menge Ärger mit der Mathematik

**1.1. Begriff der Menge: Der Leser erfährt, wie man den Begriff „Menge" in der Mathematik nutzt.**

Wir wollen nicht annehmen, daß es Ärger gibt mit der Mathematik. Im Gegenteil – hoffen wir doch, daß unser Büchlein dem Leser eine Menge Vergnügen bereitet und daß er eine Menge interessanter Entdeckungen macht.

Nun ist offenbar niemand in der Lage, genau anzugeben, was denn z. B. eine Menge Ärger oder eine Menge Spaß und wieviel eine ganze Menge Geld ist.

Bereiten wir uns deshalb auf eine präzisere Fassung des Mengenbegriffs durch Untersuchen von Beispielen vor:

$M_1$: Die Menge der Zahlen 1, 2, 3, 7.

$M_2$: Die Menge aller Primzahlen.

$M_3$: Die Menge aller rationalen Zahlen, die Lösung der Gleichung $5x + 3 = -0{,}5$ sind.

$M_4$: Die Menge aller reellen Zahlen, die Lösung der Gleichung $x^2 + 9 = 0$ sind.

$M_5$: Die Menge aller Schulklassen der EOS Thomas Leipzig.

$M_6$: Die Menge, die nur aus dem Wort „Menge" besteht.

$M_7$: Die Menge aller Teiler von 24.

$M_8$: Die Menge aller Geraden einer Ebene, die zu sich selbst orthogonal sind.

Im Gegensatz zu Formulierungen, in denen das Wort „Menge" umgangssprachlich im Sinne von „viel" genutzt wird, läßt sich bei den Beispielen $M_1$ bis $M_8$ entscheiden, ob irgendein Objekt unserer Umwelt oder unseres Denkens zur jeweiligen Menge gehört oder nicht. Die in einer Menge enthaltenen Objekte heißen *Elemente der Menge*.

Unsere Beispiele verdeutlichen, auf welche Weise man Mengen beschreiben kann. In einigen Fällen erfolgt die Charakterisierung durch Angabe genau der Elemente, die zur Menge gehören: $M_1 = \{1, 2, 3, 7\}$ bzw. $M_3 = \{-0{,}7\}$ bzw. $M_6 = \{\text{Menge}\}$. Bei der Zusammenstellung der Elemente der

Menge $M_5$ muß man darauf achten, daß nicht Schüler, sondern Klassen, d. h. Mengen von Schülern, als Elemente aufzufassen sind. Versagen würde unsere Methode der Charakterisierung von Mengen durch „Auflisten" ihrer Elemente bei solchen Mengen, zu denen unendlich viele Elemente gehören, beispielsweise bei $M_2$. Solche Mengen heißen *unendliche Mengen* im Unterschied zu *endlichen Mengen*, die nur endlich viele Elemente enthalten.

Eine andere, universellere Möglichkeit, eine Menge $M$ zu beschreiben, ist das Angeben eines Merkmals, welches auf genau die Elemente zutrifft, die zu $M$ gehören sollen. Man beschreibt $M$ also durch eine Aussageform $H(x)$, d. h., grob gesprochen, durch ein sprachliches Gebilde mit Variablen, das nach Belegen der Variablen durch Objekte eines Grundbereiches $E$ stets entweder eine wahre oder eine falsche Aussage ergibt. Genau die Objekte $x$ des Grundbereiches $E$, für die $H(x)$ zu einer wahren Aussage wird, sind Elemente von $M$. Man schreibt $M = \{x | H(x)\}$. So könnte $M_3$ durch $M_3 = \{x | x \in \mathsf{R}$ und $5x + 3 = -0,5\}$, $M_2$ durch $M_2 = \{x | x \in \mathsf{N}$ und $x$ ist Primzahl$\}$, $M_4$ durch $M_4 = \{x | x \in \mathsf{P}$ und $x^2 + 9 = 0\}$ beschrieben werden. Durch eine Aussageform $H(x)$ läßt sich selbst dann eine Menge charakterisieren, wenn man (noch) nicht weiß, für welche Objekte $x$ eines Grundbereiches die Aussage $H(x)$ wahr ist. So ist es durchaus möglich, von der Menge $M_9 = \{x | x$ ist Primzahl und $10^{1000} < x < 10^{100\,000}\}$ zu sprechen.

Wollte man $M_4$ durch Aufschreiben aller ihrer Elemente charakterisieren, so würde man nicht weit kommen: Es gibt nicht eine einzige reelle Zahl, die Lösung der Gleichung $x^2 + 9 = 0$ ist, d. h., die Menge $M_4$ ist „leer". Enthält eine Menge kein Element, so heißt sie die *leere Menge* und wird mit $\emptyset$ bezeichnet. Tritt unter den Mengen $M_1$ bis $M_8$ die leere Menge noch ein weiteres Mal auf?

Gehört ein Element $x$ zur Menge $M$, so schreibt man $x \in M$, andernfalls $x \notin M$, z. B. $3 \in M_1$, $11 \in M_2$, Menge $\in \{$Menge$\}$, $7 \notin M_7$. Für die Kennzeichnung von Mengen werden große lateinische Buchstaben $A, B, ..., M, ..., X, Y, ...$ benutzt, die gegebenenfalls auch mit einem Index versehen sein können $(M_7, B_2)$. Die Elemente von Mengen sollen im allgemeinen durch kleine lateinische Buchstaben $a, b, ..., x, y, ...$ (möglicherweise auch indiziert) bezeichnet werden.

Unabhängig von den betrachteten Beispielen wollen wir eine wichtige inhaltliche Vorstellung, die mit dem Mengenbegriff verbunden ist, für alle Mengen festlegen: Jede Menge soll eindeutig bestimmt sein durch die in ihr enthaltenen Elemente, d. h. durch ihren „Umfang". Eine Menge Ärger kann also keine Menge im mathematischen Sinne sein.

Es scheint nun so, als wäre es bereits gelungen, für weitere Überlegungen hinreichend präzise Vorstellungen vom Begriff der Menge entwickelt zu haben. Doch nicht jedes Merkmal, nicht jede charakterisierende Eigenschaft beschreibt tatsächlich eindeutig eine Menge. Soll beispielsweise ein Soldat alle Angehörigen seiner Einheit rasieren, die sich nicht selbst rasieren, und zwar nur diese; wie hat sich dieser Soldat dann bezüglich seines eigenen Bartes zu verhalten? Oder man versuche einmal, die „Menge" $M$ aller Mengen zu bilden, die sich nicht selbst als Element enthalten. Ob es eine solche Menge geben kann?

Die Schwierigkeiten, die bei der Entscheidung über die Zugehörigkeit bzw. Nichtzugehörigkeit einzelner Objekte zur jeweiligen Menge auftreten, liegen auf dem Gebiet der Logik. Man muß vermeiden, daß eine Menge $M$ gleichzeitig als Menge und als Element dieser Menge auftritt. Wir werden uns künftig jedoch nur mit Mengen beschäftigen, bei denen Widersprüche der oben genannten Art nicht auftreten.

Schließlich ist sicher aufgefallen, daß wir den Begriff der Menge beschrieben und durch Beispiele erläutert, jedoch vermieden haben, für ihn eine explizite Definition anzugeben. Dies ist für solch grundlegende Begriffe wie Menge oder Punkt auch nicht möglich; denn zu ihrer Definition müßten ja dann noch umfassendere (und in diesem Sinne grundlegendere) Begriffe vorhanden sein.


## Gleich oder nicht gleich?

### 1.2. Gleichheit von Mengen: Genaueres über die Umfangsgleichheit von Mengen.

Wir betrachten die Mengen $A = \{x \mid x \in \mathbf{P}$ und $2x^2 - 2x - 12 = 0\}$, $B = \{-2; 3\}$ und $C = \{3; -2\}$. Zunächst kann man feststellen: Jedes Element, das in einer der Mengen $A$, $B$ oder $C$ vorkommt, tritt auch in jeder der anderen dieser drei Mengen auf. Der Leser überprüfe diese Aussage! $A$, $B$ und $C$ unterscheiden sich also nur durch die Art ihrer Beschreibung; sie besitzen die gleichen Elemente, den gleichen Umfang. Da jede Menge durch ihren Umfang eindeutig bestimmt sein soll, definieren wir:

> **Definition 1.1:** Es seien $M_1$ und $M_2$ zwei nicht leere Mengen. $M_1$ und $M_2$ heißen *gleich* (umfangsgleich) genau dann, wenn jedes Element von $M_1$ auch Element von $M_2$ und jedes Element von $M_2$ auch Element von $M_1$ ist, d. h.,
> $M_1 = M_2$ genau dann, wenn für alle $x$ gilt:
> $x \in M_1 \Leftrightarrow x \in M_2$.
> Die leere Menge soll nur zu sich selbst gleich sein.

Dabei ist der in der Definition auftretende Doppelpfeil so zu verstehen: Für die Folgerungsbeziehung „wenn ... so" pflegt man das Zeichen $\Rightarrow$ zu schreiben, also bedeutet „$x \in M_1 \Rightarrow x \in M_2$" die Aussage „wenn $x \in M_1$, so (auch) $x \in M_2$" oder, anders formuliert, „aus $x \in M_1$ folgt $x \in M_2$". Gilt sowohl $x \in M_1 \Rightarrow x \in M_2$ als auch $x \in M_2 \Rightarrow x \in M_1$, so faßt man dies gewöhnlich mit Hilfe des Doppelpfeiles zusammen zu $x \in M_1 \Leftrightarrow x \in M_2$ (vgl. dazu auch Abschnitt 2.2.).

Sind zwei Mengen $M_1$ und $M_2$ nicht gleich, so schreibt man $M_1 \neq M_2$. Offenbar besitzt die durch D(1.1) definierte „Gleichheitsbeziehung" für beliebige Mengen $M_1$, $M_2$ und $M_3$ die folgenden drei Eigenschaften:

(1) Jede Menge ist zu sich selbst gleich, d. h., es gilt $M_1 = M_1$.
(2) Aus $M_1 = M_2$ folgt $M_2 = M_1$.
(3) Aus $M_1 = M_2$ und $M_2 = M_3$ folgt $M_1 = M_3$.

Will man untersuchen, ob zwei Mengen $A$ und $B$ gleich sind, so läßt sich D(1.1) nutzen: Man überprüft, ob für jedes Element $a \in A$ auch $a \in B$ erfüllt ist und ob umgekehrt jedes Element $b \in B$ auch zu $A$ gehört.

Eine Menge, die nur ein Element enthält, heißt *Einermenge*; eine solche ist unser Beispiel $M_3$ im Abschnitt 1.1. Es gibt unendlich viele voneinander verschiedene Einermengen, dagegen genau eine leere Menge. Für die im Abschnitt 1.1. genannten Mengen $M_4$ und $M_8$ gilt also $M_4 = M_8 = \emptyset$. Auch die Menge $L = \{x \mid x \neq x\}$ ist nur eine andere Charakterisierung der leeren Menge, denn es existiert kein Objekt, welches mit sich selbst nicht identisch ist.


## Ein Lehrer ist auch nur ein Mensch

**1.3. Teilmengen: Über echte und unechte Teilmengen, Potenzmengen und Mengen, die zueinander elementfremd sind.**

Jeder weiß, was mit der Redewendung „Ein Lehrer ist auch nur ein Mensch" ausgedrückt werden soll: Übermenschliches können wir von ihm nicht erwarten, etwa, daß er allwissend oder nimmermüde ist. Für den nüchternen Mathematiker drückt diese Redewendung allerdings nur eine Beziehung zwischen der Menge der Lehrer und der Menge aller Menschen aus, und er formuliert die Tatsache, daß jeder Lehrer ein Mensch ist, so: Die Menge der Lehrer ist eine *Teilmenge* der Menge aller Menschen.

Eine solche Beziehung „Teilmenge – Menge" tritt häufig auf:

- → Die Menge der geraden Zahlen ist eine Teilmenge der Menge G aller ganzen Zahlen.
- – Die Menge der Primzahlen ist eine Teilmenge der Menge aller natürlicher Zahlen.
- – Die Lösungsmenge der Gleichung $4x + 7 = -1$ ist eine Teilmenge der Lösungsmenge der Ungleichung $2 - 3x > -1$.

---

**Definition 1.2:** Es seien $M_1$ und $M_2$ Mengen. Dann' heißt $M_1$ *Teilmenge* oder auch *Untermenge* von $M_2$ (in Zeichen: $M_1 \subseteq M_2$) genau dann, wenn jedes Element von $M_1$ auch zu $M_2$ gehört, d. h., $M_1 \subseteq M_2$ genau dann, wenn für alle $x$ gilt: $x \in M_1 \Rightarrow x \in M_2$.
Insbesondere heißt $M_1$ *echte Teilmenge* von $M_2$ (in Zeichen: $M_1 \subset M_2$) genau dann, wenn gilt: $M_1 \subseteq M_2$ und $M_1 \neq M_2$.

---

Die Teilmengenbeziehung wird auch *Inklusion* genannt. In Abb. 1 ist $M_2 \subseteq M_1$ anschaulich dargestellt. Man beachte,

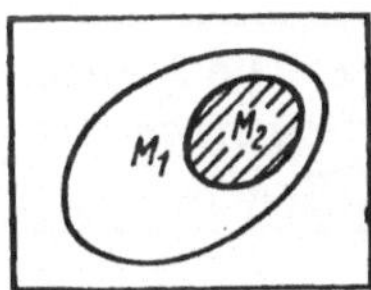

Abb. 1

daß das Zeichen $\in$ zwischen einem Element einer Menge $M$ und dieser Menge $M$, das Zeichen $\subseteq$ dagegen nur zwischen zwei Mengen stehen kann.

Wir ziehen einige Folgerungen aus D(1.2):

- – Die leere Menge ist Teilmenge jeder beliebigen Menge $M$, denn es existiert kein $x$ in $\emptyset$, das nicht auch zu $M$ gehört.
- – Jede Menge ist Teilmenge von sich selbst.
- – Aus $M_1 \subseteq M_2$ und $M_2 \subseteq M_3$ folgt $M_1 \subseteq M_3$.

Der folgende Satz S(1.1) stellt einen Zusammenhang zwischen Gleichheit und Inklusion her.

---

**Satz 1.1:** Für beliebige Mengen $M_1$ und $M_2$ gilt: $M_1 = M_2$ genau dann, wenn sowohl $M_1 \subseteq M_2$ als auch $M_2 \subseteq M_1$.

---

Der *Beweis* des Satzes ergibt sich aus D(1.1) und D(1.2).
Im folgenden Beispiel wird gezeigt, wie S(1.1) für den Nachweis der Gleichheit zweier Mengen ausgenutzt werden kann: Wir wollen beweisen, daß die Menge $A$ aller geraden Zahlen mit der Menge $Q$ aller derjenigen natürlichen Zahlen übereinstimmt, deren Quadrat gerade ist.
Wir zeigen im 1. Schritt $A \subseteq Q$: Jedes Element $x \in A$ kann in der Form $x = 2n$ mit $n \in \mathsf{N}$ geschrieben werden. Aus $x^2 = (2n)^2 = 2 \cdot (2n^2)$ folgt $x \in Q$, also gilt $A \subseteq Q$.
2. Schritt: Ein beliebiges Element $y \in Q$ besitze die Primfaktorzerlegung $y = p_1^{\lambda_1} p_2^{\lambda_2} \dots p_n^{\lambda_n}$ $(\lambda_i > 0)$; diese ist bekanntlich eindeutig bestimmt. Da $y^2 = p_1^{2\lambda_1} p_2^{2\lambda_2} \dots p_n^{2\lambda_n}$ nach Voraussetzung gerade ist, muß einer der Primfaktoren $p_i$ von $y^2$ gleich 2 sein. Da er einen geradzahligen Exponenten besitzt, kommt 2 auch in der Primfaktorzerlegung von $y$ vor, d. h., $y$ ist gerade. Also gilt $Q \subseteq A$. Aus beiden Schritten folgt $A = Q$.

Wir betrachten die Menge *aller* Teilmengen von $B = \{a, b, c\}$ und fassen diese Teilmengen als Elemente einer neuen Menge $\mathscr{P}(B) = \{\emptyset, \{a\}, \{b\}, \{c\}, \{a, b\}, \{a, c\}, \{b, c\}, \{a, b, c\}\}$ auf.

---

**Definition 1.3:** Es sei $M$ eine beliebige Menge. Die Menge aller Teilmengen $X$ von $M$ heißt die *Potenzmenge von $M$*; sie wird mit $\mathscr{P}(M)$ bezeichnet $\cdot$ $\mathscr{P}(M) = \{X \mid X \subseteq M\}$.

---

Für jede beliebige Menge $M$ sind $\emptyset$ und $M$ Elemente von $\mathscr{P}(M)$, also ist die Potenzmenge einer Menge $M$ nie die leere Menge.
Im oben genannten Beispiel besitzt $B$ drei, ihre Potenzmenge $8 = 2^3$ Elemente. Ist $M$ eine Einermenge, so besitzt $\mathscr{P}(M)$ offenbar genau die beiden Mengen $\emptyset$ und $M$ als Elemente. Die Potenzmenge der Zweiermenge $\{a, b\}$ besteht aus den $2^2 = 4$ Elementen $\emptyset$, $\{a\}$, $\{b\}$, $\{a, b\}$.
Analysiert man die bisher gewonnenen Ergebnisse, so könnte man vermuten, daß die Potenzmenge einer $n$-elementigen Menge gerade $2^n$ Elemente besitzt.

Zum Beweis der Richtigkeit unserer Vermutung nutzen wir ein Beweisverfahren, welches als *vollständige Induktion* (oft auch als „Schluß von $n$ auf $n + 1$") bezeichnet wird. Dieses Verfahren ermöglicht, die Richtigkeit allgemeiner Aussagen $H(n)$ nachzuweisen, die von einer natürlichen Zahl $n$ als Parameter abhängen: Wenn man in einem ersten Schritt zeigen kann, daß die zu beweisende Aussage $H$ richtig ist für eine Anfangszahl $n_0 \in \mathbb{N}$ (etwa für 0, 1 oder 2), und in einem zweiten Schritt nachweisen kann, daß $H(k + 1)$ wahr ist unter der Voraussetzung, daß $H(k)$ zu den wahren Aussagen gehört, so folgt: $H(n)$ ist wahr für alle natürlichen Zahlen $n \geq n_0$.

Unsere Anzahlaussage über $\mathscr{P}(M)$ erwies sich für $n = 1$ als richtig, und wir haben nur noch den 2. Schritt der vollständigen Induktion auszuführen: Angenommen, die Potenzmenge einer $k$-elementigen Menge $M$ besitzt $2^k$ Elemente. Wächst $M$ um ein Element $a_{k+1}$, so verdoppelt sich die Elementezahl von $\mathscr{P}(M)$. Denn zu jeder Teilmenge von $M$ tritt auch noch die entsprechende, durch Hinzunahme von $a_{k+1}$ daraus entstehende Teilmenge. Damit erhält man auch alle Teilmengen, denn entweder enthält eine solche $a_{k+1}$ nicht, dann ist sie auch Teilmenge der „ursprünglichen" Menge, oder sie enthält das Element $a_{k+1}$, dann geht sie aus einer Teilmenge der „ursprünglichen" Menge durch Hinzunahme von $a_{k+1}$ hervor. Folglich hat die Potenzmenge einer Menge von $(k + 1)$ Elementen $2 \cdot 2^k = 2^{k+1}$ Elemente.

Besitzen zwei Mengen $A$ und $B$ kein Element gemeinsam, so nennt man $A$ und $B$ *elementfremd* oder auch *disjunkt*. Besitzen $A$ und $B$ mindestens ein Element gemeinsam und jede von ihnen mindestens ein weiteres Element, welches nicht in der anderen Menge liegt, so sagt man: $A$ und $B$ *überdecken einander teilweise*. Sind $A$ und $B$ zwei nicht leere Teilmengen einer Menge $M$, so tritt stets genau einer der folgenden fünf Fälle ein:
$A = B$, $A \subset B$, $B \subset A$, $A$ und $B$ sind disjunkt; $A$ und $B$ überdecken einander teilweise (vgl. Abb. 2).

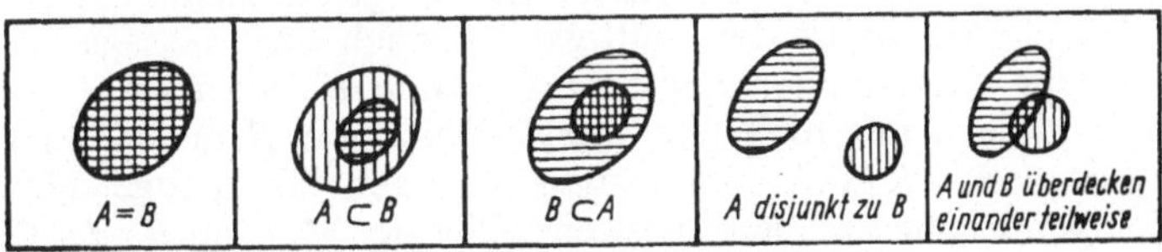


Abb. 2

# Peters Chancen bei der hübschen Christine nur ein Mißverständnis?

### 1.4. Mengenoperationen: Der Leser lernt die Operationen Durchschnittsbildung, Vereinigungsbildung und Differenzmengenbildung sowie deren Eigenschaften kennen.

Peter berichtet seinem Freund Wolfgang triumphierend, daß er gute Chancen bei der hübschen Christine habe, denn nach ihren eigenen Worten mag sie besonders sportliche und blondgelockte Jungen. Wolfgang entgegnet verblüfft: „Aber du hast doch schwarzes Haar." Dieser Einwand erstaunt wiederum Peter, der sich verteidigt: „Aber dafür bin ich doch sehr sportlich; schließlich habe ich beim letzten Schulsportfest drei erste Preise gewonnen."
Leider können wir nicht entscheiden, wer von beiden mehr Grund zum Erstaunen hat, denn Christine hat sich unklar ausgedrückt.
Die folgenden Formulierungen sind ähnlich unscharf:

(1) Gleichschenklige und rechtwinklige Dreiecke haben zwei Winkel der Größe 45°.
(2) Gleichschenklige und rechtwinklige Dreiecke haben die Winkelsumme 180°.
(3) Durch 4 und durch 6 teilbare Zahlen sind gerade.
(4) Durch 4 und durch 6 teilbare Zahlen sind auch durch 12 teilbar.
(5) Monotone und beschränkte Folgen sind konvergent.
(6) Monotone und beschränkte Folgen können höchstens einen Grenzwert besitzen.

Die Formulierung (1) ist eine Aussage über Dreiecke, die *sowohl* gleichschenklig *als auch* rechtwinklig sind, während Aussage (2) für alle Dreiecke richtig ist, die gleichschenklig *oder* rechtwinklig sind; sie gilt ja sogar für jedes Dreieck. Bezeichnet $R$ die Menge der rechtwinkligen, $G$ die Menge der gleichschenkligen Dreiecke, so ist der Gültigkeitsbereich der Aussage (1) die Menge aller Elemente, die *sowohl* zu $R$ *als auch* zu $G$ gehören; diese nennt man den *Durchschnitt* von $R$ und $G$ und schreibt dafür $R \cap G$. Meint man hingegen die Menge aller derjenigen Elemente, die wenigstens einer der Mengen $R$ *oder* $G$ angehören, so spricht man von der *Vereinigung* von $R$ und $G$, in Zeichen $R \cup G$. Die Vereinigung $R \cup G$ besteht also aus allen Elementen, die zu $R$, aber nicht zu $G$, oder die zu $G$, aber nicht zu $R$, oder die zu beiden Mengen $R$, $G$ gehören. Bezeichnet man noch die Menge aller Elemente, die zu $R$, aber nicht zu $G$ gehören, als *Differenzmenge* $R \setminus G$, so kann man schreiben $R \cup G = (R \setminus G) \cup (G \setminus R) \cup (R \cap G)$, was Abb. 3 zu illustrieren versucht.

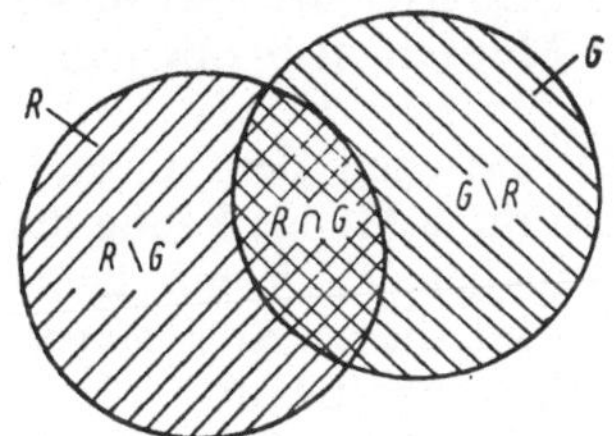


Abb. 3

Der Leser diskutiere auch die Aussagen (3) bis (6) auf diese Weise!

Wir fassen das soeben Ausgesprochene in folgenden Definitionen zusammen:

---

Es seien $M_1 = \{x \mid x \in E$ und $H_1(x)\}$ und $M_2 = \{x \mid x \in E$ und $H_2(x)\}$ zwei Mengen über dem Grundbereich $E$.

**Definition 1.4:** Der *Durchschnitt* der Mengen $M_1$ und $M_2$ ist die Menge

$M_1 \cap M_2 = \{x \mid x \in E$ und $(H_1(x)$ *und* $H_2(x))\}$; d. h.,
$x \in M_1 \cap M_2 \Leftrightarrow x \in M_1$ *und* $x \in M_2$.

**Definition 1.5:** Die *Vereinigung* der Mengen $M_1$ und $M_2$ ist die Menge

$M_1 \cup M_2 = \{x \mid x \in E$ und $(H_1(x)$ *oder* $H_2(x))\}$; d. h.,
$x \in M_1 \cup M_2 \Leftrightarrow x \in M_1$ *oder* $x \in M_2$.

**Definition 1.6:** Die *Differenz* der Mengen $M_1$ und $M_2$ ist die Menge

$M_1 \setminus M_2 = \{x \mid x \in E$ und $(H_1(x)$ *und nicht* $H_2(x))\}$; d. h.,
$x \in M_1 \setminus M_2 \Leftrightarrow x \in M_1$ und $x \notin M_2$.

---

Durchschnitt, Vereinigung und Differenz zweier Mengen $M_1$ und $M_2$ sind somit durch $M_1$, $M_2$ eindeutig bestimmte Mengen, offenbar auch dann, wenn eine von beiden ~~oder gar jede~~ der

Mengen leer ist. Man beachte noch, daß in der Definition der Vereinigung das Wort „oder" – wie in der Mathematik üblich – im nicht ausschließenden Sinne benutzt wird. Im Unterschied zu $M_1 \cup M_2$ wird die Menge der Elemente, die *entweder* zu $M_1$ *oder* zu $M_2$ gehören, durch $(M_1 \cup M_2) \setminus (M_1 \cap M_2)$ charakterisiert. Auch wird das Wort „Durchschnitt" hier in ganz anderem Sinne verwendet als in der Umgangssprache; mit der Durchschnittszensur oder dem Durchschnittsleser dieses Buches hat der Durchschnitt zweier Mengen also überhaupt nichts zu tun.

Betrachtet man die Differenz $E \setminus M$ zwischen dem Grundbereich $E$ und einer Menge $M$, so heißt diese Menge häufig die *Komplementärmenge* $\bar{M}_E$ von $M$ bezüglich $E$. Wenn keine Verwechslungen zu befürchten sind, wird dieses *Komplement* auch kurz mit $\bar{M}$ bezeichnet. Es ist mithin nach D(1.6)

$\bar{M}_E = \{x | x \in E \text{ und } x \notin M\}$. Setzt man noch $\bar{\bar{M}}_E = (\overline{\bar{M}_E})_E$, so gilt offenbar $\bar{\bar{M}}_E = M$.

Bei der Beschreibung mathematischer Zusammenhänge werden diese mengentheoretischen Begriffe häufig genutzt:

- Bezeichnet $\mathsf{N}$ die Menge der natürlichen Zahlen, $M_1$ bzw. $M_2$ bzw. $M_3$ die Menge der durch 2 bzw. durch 3 bzw. durch 6 teilbaren natürlichen Zahlen und $M_4$ die Menge der ungeraden Zahlen, so ist z. B. $M_1 \cup M_4 = \mathsf{N}$, $M_1 \cap M_2 = M_3$, $(\bar{M}_4)_\mathsf{N} = M_1$, $M_2 \cup M_3 = M_2$, $M_2 \cap M_3 = M_3$.

- Der Durchschnitt zweier voneinander verschiedener Geraden einer Ebene ist entweder leer oder eine Menge, die genau einen Punkt enthält.

- Die Lösungsmenge des Gleichungssystems

  $x + 4y = 3$ (I)

  $x + \phantom{4}y = 0$ (II)

  ist der Durchschnitt der Lösungsmengen der Gleichungen (I) und (II).

- Die Lösungsmenge der Ungleichung $|x - 1| > 2$ ist die Vereinigung der Lösungsmengen der beiden Ungleichungen $x - 1 > 2$ und $x - 1 < -2$.

Aus der Vielzahl von Eigenschaften der Mengenoperationen stellen wir im folgenden Satz einige wichtige zusammen.

**Satz 1.2:** $A, B, C$ seien beliebige Mengen über einem Grundbereich $E$. Für sie sind folgende Aussagen wahr:

(1) Eigenschaften von Durchschnitt und Vereinigung

(1a)  $\quad$ (1a')
$$A \cap B = B \cap A \qquad A \cup B = B \cup A$$

(1b)  $\quad$ (1b')
$$(A \cap B) \cap C = A \cap (B \cap C) \qquad (A \cup B) \cup C = A \cup (B \cup C)$$

(1c)  $\quad$ (1c')
$$A \cap A = A \qquad A \cup A = A$$

(2) Zusammenspiel von Durchschnitt und Vereinigung

(2a)  $\quad$ (2a')
$$A \cap (B \cup C) \qquad A \cup (B \cap C)$$
$$= (A \cap B) \cup (A \cap C) \qquad = (A \cup B) \cap (A \cup C)$$

(2b)  $\quad$ (2b')
$$A \cap (A \cup B) = A \qquad A \cup (A \cap B) = A$$

(3) Zusammenspiel von Durchschnitt bzw. Vereinigung mit der Differenz

(3a)  $\quad$ (3a')
$$(A \cap B) \setminus C \qquad (A \cup B) \setminus C$$
$$= (A \setminus C) \cap (B \setminus C) \qquad = (A \setminus C) \cup (B \setminus C)$$

(3b)  $\quad$ (3b')
$$C \setminus (A \cap B) \qquad C \setminus (A \cup B)$$
$$= (C \setminus A) \cup (C \setminus B) \qquad = (C \setminus A) \cap (C \setminus B)$$

(4) Zusammenspiel der Mengenoperationen mit der Inklusion

(4a) $A \cap B \subseteq A$ $\qquad$ (4a') $A \subseteq A \cup B$

(4b) $A \cap B = A \Leftrightarrow A \subseteq B$ $\qquad$ (4b') $A \cup B = A \Leftrightarrow B \subseteq A$

(4c) $C \subseteq A$ und $C \subseteq B$ $\qquad$ (4c') $A \subseteq C$ und $B \subseteq C$
$\qquad \Rightarrow C \subseteq A \cap B$ $\qquad\qquad \Rightarrow A \cup B \subseteq C$

(4d) $A \subseteq B \Rightarrow A \setminus C \subseteq B \setminus C$ und $C \setminus B \subseteq C \setminus A$

(5) Rolle der Mengen $\emptyset$ und $E$

(5a) $A \cap \emptyset = \emptyset$ $\qquad$ (5a') $A \cup E = E$

(5b) $A \cap E = A$ $\qquad$ (5b') $A \cup \emptyset = A$

(5c) $A \cap B = \emptyset \Leftrightarrow B \subseteq \bar{A}$ $\qquad$ (5c') $A \cup B = E \Leftrightarrow \bar{A} \subseteq B$

Der Satz enthält einige wichtige Spezialfälle: Setzt man in
(3b) bzw. (3b') $C = E$, so erhält man die sogenannten
*de Morganschen*[1]) *Regeln*

$$\overline{A \cap B} = \bar{A} \cup \bar{B} \quad \text{bzw.} \quad \overline{A \cup B} = \bar{A} \cap \bar{B}.$$

Ebenso erhält man aus (4d) für $C = E$ die Regel $A \subseteq B$
$\Rightarrow \bar{B} \subseteq \bar{A}$, und die Aussagen (5c) bzw. (5c') liefern speziell für
$B = \bar{A}$, daß $A \cap \bar{A} = \emptyset$, $A \cup \bar{A} = E$. Der Leser wird beim aufmerksamen Betrachten dieses Satzes unschwer auf zunächst
verblüffende Analogien zwischen den Operationen „$\cap$" und
„$\cup$" stoßen. Mit jeder Aussage wird gewissermaßen auch ihr
„Spiegelbild" behauptet, abgesehen von (4d); dort kommt nur
die Differenzmenge vor. Eine Aussage geht in ihr „Spiegelbild"
über, indem man die Zeichen „$\cap$" und „$\cup$" miteinander vertauscht und ebenso mit „$\emptyset$" und „$E$" verfährt. Dabei werden
auch die Seiten einer Inklusion miteinander vertauscht, denn
$A \subseteq B$ ist nach (4b) äquivalent zu $A \cap B = A$, und die dazu
„spiegelbildliche" Aussage ist $A \cup B = A$, was nach (4b') äquivalent zu $B \subseteq A$ ist. Der Mathematiker hat diese weitgehende
Analogie untersucht und generell bewiesen, daß mit jeder der
Aussagen in S(1.2) auch ihr „Spiegelbild" – man sagt: „die zu
ihr *duale* Aussage" – wahr ist. Wollen wir von dieser Erkenntnis
keinen Gebrauch machen, so müßten wir jede der 27 Aussagen
von S(1.2) beweisen; andernfalls hätte man mit dem Beweis
der Aussagen (1a) bis (5c) bereits auch die Gültigkeit von
(1a') bis (5c') gezeigt. Da jedoch alle diese Beweise nach demselben Muster verlaufen, wollen wir hier weder das eine noch
das andere tun, sondern begnügen uns mit einigen Beispielen,
die die möglichen Beweismethoden hinreichend verdeutlichen.
Zuvor jedoch sei noch darauf hingewiesen, daß sich das Bilden
des Durchschnitts und der Vereinigung von zwei Mengen auf
Mengensysteme $\mathfrak{M}$ von mehreren oder sogar von unendlich
vielen Mengen verallgemeinern läßt: Zum Durchschnitt der
Mengen von $\mathfrak{M}$ gehören genau die Elemente, die zu jeder der
Mengen von $\mathfrak{M}$ gehören, und zur Vereinigung der Mengen
von $\mathfrak{M}$ genau die Elemente, die zu mindestens einer der Mengen von $\mathfrak{M}$ gehören. Auch die Aussagen des Satzes (1.2) haben

---

[1]) *Augustus de Morgan* (1806–1871), englischer Mathematiker; arbeitete
hauptsächlich über Infinitesimalrechnung, Algebra und Wahrscheinlich-
keitsrechnung.

dann sinngemäße Verallgemeinerungen; z. B. könnte man (1b) in der Form „In einem Durchschnitt können beliebig Klammern gesetzt oder weggelassen werden" aussprechen, und (3a) erhält, etwa für die vier Mengen $A$, $B$, $C$, $D$, die Fassung $(A \cap B \cap C) \setminus D = (A \setminus D) \cap (B \setminus D) \cap (C \setminus D)$.

Zum *Beweis* der Aussage (1b) überlegen wir zunächst, daß die behauptete Gleichheit zwischen den Mengen $(A \cap B) \cap C = M$ und $A \cap (B \cap C) = N$ gezeigt ist, wenn sowohl $M \subseteq N$ als auch $N \subseteq M$ bestätigt werden kann (vgl. Abschnitt 1.3.). Ist also $x \in M$, d. h. $x \in (A \cap B) \cap C$, dann gilt sowohl $x \in A \cap B$ als auch $x \in C$, woraus man weiter auf $x \in A$ und $x \in B$ und $x \in C$ schließt. Gehört $x$ jeder der drei Mengen $A$, $B$, $C$ an, so gilt auch $x \in A$ und $x \in B \cap C$, also $x \in A \cap (B \cap C) = N$. Folglich ist $M \subseteq N$.

Ist $x \in N$, d. h. $x \in A \cap (B \cap C)$, so ist $x \in A$ und $x \in B \cap C$, woraus wieder folgt, daß $x$ jeder der Mengen $A$, $B$, $C$ angehört. Damit gilt $x \in A \cap B$ und $x \in C$, mithin $x \in (A \cap B) \cap C = M$. Also ist auch $N \subseteq M$, was zusammen mit $M \subseteq N$ auf $M = N$ zu schließen gestattet. w. z. b. w.

Mit diesem Verfahren kann man im Prinzip alle Aussagen von S(1.2) beweisen; es beruht im wesentlichen auf dem Rückgriff auf die entsprechenden Definitionen. Der Leser übe das selbst an einer weiteren unter (1) aufgestellten Behauptung! Man beachte jedoch einerseits, daß die zur Veranschaulichung der Aussagen von S(1.2) häufig herangezogenen Mengendiagramme,

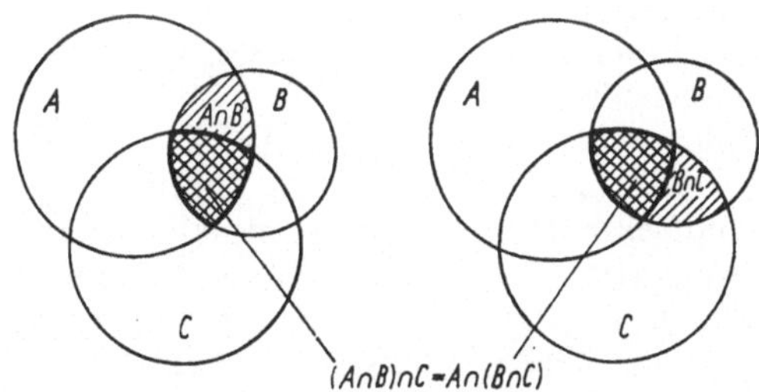


Abb. 4

wie z. B. in Abb. 4 für die Aussage (1b), keinerlei Beweiskraft haben, stellen sie doch nur eine von vielen möglichen Konstellationen zwischen den Mengen $A$, $B$, $C$ dar. Andererseits setzt die oben vorgestellte Beweismethode den Umgang mit den logischen Operationen „und" bzw. „oder" voraus.

2*

Eine andere Möglichkeit zum Beweis von S(1.2) bietet die sogenannte Tabellenmethode, die wir an Hand des Beweises von (3a) erläutern:

| $A$ | $B$ | $C$ | $A \cap B$ | $(A \cap B) \setminus C$ | $A \setminus C$ | $B \setminus C$ | $(A \setminus C) \cap (B \setminus C)$ |
|---|---|---|---|---|---|---|---|
| 1 | 1 | 1 | 1 | 0 | 0 | 0 | 0 |
| 1 | 1 | 0 | 1 | 1 | 1 | 1 | 1 |
| 1 | 0 | 1 | 0 | 0 | 0 | 0 | 0 |
| 1 | 0 | 0 | 0 | 0 | 1 | 0 | 0 |
| 0 | 1 | 1 | 0 | 0 | 0 | 0 | 0 |
| 0 | 1 | 0 | 0 | 0 | 0 | 1 | 0 |
| 0 | 0 | 1 | 0 | 0 | 0 | 0 | 0 |
| 0 | 0 | 0 | 0 | 0 | 0 | 0 | 0 |

Die Tabelle ist wie folgt zu deuten: Liegt ein Element $x$ in einer der Mengen, so wird das Symbol „1", andernfalls das Symbol „0" eingetragen. In den ersten drei Spalten sind alle Möglichkeiten der Zugehörigkeit bzw. der Nichtzugehörigkeit eines Elementes $x$ zu einer der drei Mengen $A$, $B$ und $C$ erfaßt. Unter Nutzung der Definitionen D(1.4) bis D(1.6) wird dann „1" oder „0" in den übrigen Spalten eingetragen. Der Vergleich der fünften mit der achten Spalte zeigt: $x \in (A \cap B) \setminus C$ genau dann, wenn $x \in (A \setminus C) \cap (B \setminus C)$. w. z. b. w.
Zur Übung beweise der Leser weitere Teilaussagen von S(1.2) mit Hilfe der Tabellenmethode!
Gelegentlich, insbesondere aber bei den unter (4) zusammengefaßten Teilaussagen von S(1.2), in denen die Inklusion ins Spiel kommt, ist eine indirekte Beweisführung empfehlenswert: Nehmen wir zum Beweis von (4c′) an, es gäbe ein Element $x \in A \cup B$, welches nicht in $C$ liegt. Aus $x \in A \cup B$ folgt aber, daß $x$ mindestens einer der beiden Mengen $A$ oder $B$ angehört. Da nach Voraussetzung beide Mengen Teilmengen von $C$ sind, folgt $x \in C$ im Widerspruch zu unserer Annahme. Diese ist also zu verwerfen, und folglich gilt $A \cup B \subseteq C$. w. z. b. w.
Zum Schluß kommen wir auf die DE MORGANschen Regeln zurück, die wegen ihrer Wichtigkeit bewiesen werden sollen, etwa mittels der Tabellenmethode:

| $A$ | $B$ | $\bar{A}$ | $\bar{B}$ | $A \cap B$ | $A \cup B$ | $\overline{A \cap B}$ | $\overline{A \cup B}$ | $\bar{A} \cap \bar{B}$ | $\bar{A} \cup \bar{B}$ |
|---|---|---|---|---|---|---|---|---|---|
| 1 | 1 | 0 | 0 | 1 | 1 | 0 | 0 | 0 | 0 |
| 1 | 0 | 0 | 1 | 0 | 1 | 1 | 0 | 0 | 1 |
| 0 | 1 | 1 | 0 | 0 | 1 | 1 | 0 | 0 | 1 |
| 0 | 0 | 1 | 1 | 0 | 0 | 1 | 1 | 1 | 1 |

Die Identität der Spalte $\overline{A \cap B}$ mit der Spalte $\bar{A} \cup \bar{B}$ und die der Spalte $\overline{A \cup B}$ mit der Spalte $\bar{A} \cap \bar{B}$ liefert die Behauptung.

## Pärchenbetrieb

**1.5. Kartesisches Produkt: Der Leser wird mit dem kartesischen Produkt von Mengen und mit dessen Eigenschaften vertraut gemacht.**

Peter hat zu seiner Geburtstagsfeier Wolfgang, Rolf, Uwe und Holger sowie Conny, Ingrid und Anja eingeladen. Er hat heiße Musik für mindestens 5 Tanzrunden ausgesucht, damit jeder Junge mit jedem Mädchen einmal tanzen kann. Ist seine Planung korrekt?

Wenn wir die Tanzpaare in der Form (Wolfgang, Anja) aufschreiben, an erster Stelle also immer der Junge und an zweiter Stelle seine Tanzpartnerin steht, haben wir, mathematisch gesprochen, ein *geordnetes Paar* gebildet. Dessen erste *Komponente* ist ein Element aus der Menge $A$ der Jungen, und dessen zweite Komponente ist ein Element aus der Menge $B$ der Mädchen. Schreiben wir alle möglichen geordneten Paare von Elementen aus den nichtleeren Mengen $A$ und $B$ auf, so erhalten wir eine neue Menge $A \times B$ (lies „$A$ Kreuz $B$"), genannt *Produktmenge* oder *Kreuzprodukt* oder *kartesisches Produkt*.

---

**Definition 1.7:** $A$ und $B$ seien nichtleere Mengen.

(1) Jedes Paar $(x, y)$ mit $x \in A$ und $y \in B$ heißt ein *geordnetes Paar* von Elementen aus den Mengen $A$ und $B$. Zwei geordnete Paare $(x_1, y_1)$ und $(x_2, y_2)$ sind *gleich* genau dann, wenn $x_1 = x_2$ und $y_1 = y_2$.

(2) Die Menge aller geordneten Paare $(x, y)$ mit $x \in A$, $y \in B$ heißt die *Produktmenge*, das *Kreuzprodukt* oder das *kartesische Produkt* $A \times B$ der Mengen $A$ und $B$:
$$A \times B = \{(x, y) \mid x \in A \text{ und } y \in B\}.$$

In dieser Definition ist der häufig auftretende Sonderfall enthalten, daß die beiden Mengen $A$, $B$ gleich sind ($A = B$). Dieser Fall liegt z. B. vor, wenn wir das Kreuzprodukt $\mathsf{P} \times \mathsf{P}$ bilden, also die Menge aller geordneten Paare reeller Zahlen betrachten. Bekanntlich ist es möglich, nach Auszeichnung eines Koordinatensystems in einer Ebene die Lage jedes Punktes dieser Ebene umkehrbar eindeutig durch das geordnete Paar $(x, y)$ seiner Koordinaten festzulegen. Durch diese eineindeutige Zuordnung zwischen der Menge der Punkte der Ebene und der Menge $\mathsf{P} \times \mathsf{P}$ wird eine rechnerische Behandlung geometrischer Fragestellungen erst möglich. Diese „analytische Geometrie" wurde von René Descartes (lat. Cartesius[1]) begründet; daher auch die Bezeichnung „cartesisches Produkt" oder, in heutiger Schreibweise, „kartesisches Produkt" für $A \times B$. Will man analytische Geometrie im dreidimensionalen Raum treiben, so muß man *geordnete Tripel* $(x_1, x_2, x_3)$ zur eineindeutigen Kennzeichnung der Punkte des Raumes benutzen, wobei $x_1, x_2, x_3 \in \mathsf{P}$. Natürlich kann man, dieses spezielle Beispiel verlassend, den Begriff des geordneten Tripels $(x, y, z)$ für beliebige Mengen $A$, $B$, $C$ fassen, denen die Komponenten des Tripels entnommen sind: $x \in A$, $y \in B$, $z \in C$. Wichtig ist auch hier nur, daß jeweils zwei dieser geordneten Tripel dann und nur dann einander gleich sind, wenn sie komponentenweise übereinstimmen. Die Menge aller geordneten Tripel $(x, y, z)$ mit $x \in A$, $y \in B$, $z \in C$ heißt das kartesische Produkt $A \times B \times C$ dieser drei Mengen $A$, $B$, $C$.

Analog spricht man bei $(x_1, x_2, ..., x_n)$ mit $x_i \in A_i$ ($i = 1, 2, ..., n$) von einem *geordneten n-Tupel* von Elementen der Mengen $A_1, A_2, ..., A_n$, sofern jeweils zwei dieser Tupel genau dann gleich sind, wenn sie komponentenweise übereinstimmen. Die Menge aller geordneten $n$-Tupel heißt das kartesische Produkt $A_1 \times A_2 \times ... \times A_n$ der $n$ Mengen $A_1, A_2, ..., A_n$. Gilt dabei speziell $A_1 = A_2 = ... = A_n = A$, so nennt man $A \times A \times ... \times A$ häufig auch die $n$-te *Mengenpotenz* von $A$ und schreibt abkürzend $A^n$. Setzt man noch $A^1 = A$, so ist das Symbol $A^n$ für alle positiven ganzen Exponenten erklärt. Da es bei einem geordneten Paar $(x, y)$ wesentlich auf die Reihenfolge der Elemente ankommt, ist es von der Menge $\{x, y\}$ wohl

---

[1] *René Descartes* (1596–1650), französischer Philosoph und Mathematiker; sein mathematisches Hauptverdienst ist die Begründung der analytischen Geometrie.

zu unterscheiden: während $\{x, y\} = \{y, x\}$ ist, gilt $(x, y)$ $\neq (y, x)$, sofern $x \neq y$.

Alle in unseren Überlegungen auftretenden Mengen waren zunächst als nichtleer vorausgesetzt. Diese Einschränkung kann man aufgeben unter den zusätzlichen Festlegungen $M \times \emptyset = \emptyset$ und $\emptyset \times M = \emptyset$ für jede Menge $M$.

Das kartesische Produkt spielt in der Mathematik eine wichtige Rolle, einerseits bei der Einführung so fundamentaler Begriffe wie Relation (vgl. Kapitel 2.) und Abbildung (vgl. Abschnitt 1.6.), andererseits bei der Konstruktion neuer mathematischer Gebilde. So läßt sich der Bereich der gebrochenen Zahlen mittels der Betrachtung geordneter Paare $(a, b)$ natürlicher Zahlen $a, b$ $(b \neq 0)$ konstruieren, d. h. mittels des kartesischen Produktes $N \times (N \setminus \{0\})$; nur schreibt man in

Klasse 6 die geordneten Paare $(a, b)$ in der Form $\dfrac{a}{b}$ und nennt sie Brüche.

Wir untersuchen schließlich noch, welchen Regeln das kartesische Produkt gehorcht. Offenbar kommt es auf die Reihenfolge der Faktoren des Produktes an, denn i. allg. ist $A \times B$ $\neq B \times A$, da ja ein geordnetes Paar, dessen erste Komponente aus $A$ und dessen zweite Komponente aus $B$ ist, in der Regel verschieden ist von jedem Paar mit erster Komponente aus $B$ und zweiter Komponente aus $A$. Außerdem läßt sich ein mehrfaches kartesisches Produkt nicht wie gewohnt beklammern; es ist $A \times (B \times C) \neq (A \times B) \times C$. Hingegen ist das Bilden des kartesischen Produktes verträglich mit der Durchschnitts-, Vereinigungs- und Differenzbildung im Sinne des folgenden Satzes S(1.3), den man sich auch leicht veranschaulichen kann (vgl. Abb. 5).

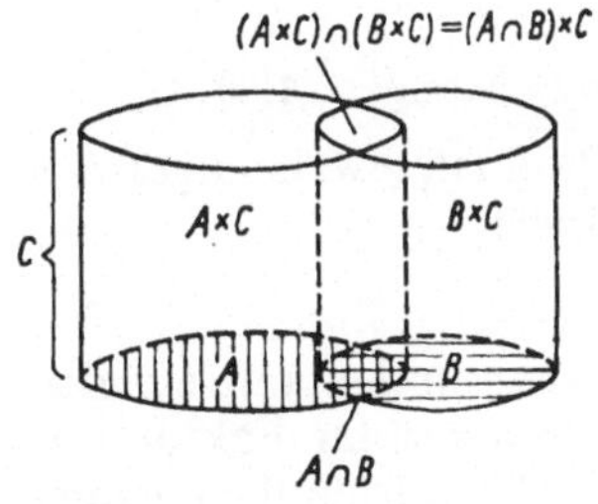


Abb. 5

---

**Satz 1.3:** Für Mengen $A$, $B$, $C$ gilt:

(1a)

$$A \times (B \cap C) = (A \times B) \cap (A \times C)$$

(1b)

$$(A \cap B) \times C = (A \times C) \cap (B \times C)$$

(2a)

$$A \times (B \cup C) = (A \times B) \cup (A \times C)$$

(2b)

$$(A \cup B) \times C = (A \times C) \cup (B \times C)$$

(3a)

$$A \times (B \setminus C) = (A \times B) \setminus (A \times C)$$

(3b)

$$(A \setminus B) \times C = (A \times C) \setminus (B \times C)$$

---

Der *Beweis* folgt unmittelbar aus den Definitionen der entsprechenden Mengenoperationen; als Beispiel zeigen wir (2a), und nach diesem Muster verlaufen auch die anderen Beweise. Die in (2a) behauptete Gleichheit zwischen zwei Mengen zeigen wir wie üblich:

(1) $(x, y) \in A \times (B \cup C) \Rightarrow x \in A$ und $y \in B \cup C \Rightarrow x \in A$ und $(y \in B$ oder $y \in C) \Rightarrow (x, y) \in A \times B$ oder $(x, y) \in A \times C$ $\Rightarrow (x, y) \in (A \times B) \cup (A \times C)$.
Also ist $A \times (B \cup C) \subseteq (A \times B) \cup (A \times C)$.

(2) $(x, y) \in (A \times B) \cup (A \times C) \Rightarrow (x, y) \in A \times B$ oder $(x, y) \in A \times C \Rightarrow x \in A$ und $(y \in B$ oder $y \in C) \Rightarrow x \in A$ und $y \in B \cup C \Rightarrow (x, y) \in A \times (B \cup C)$.
Also ist auch $(A \times B) \cup (A \times C) \subseteq A \times (B \cup C)$, und aus (1) und (2) folgt nach S(1.1) nun sofort die Behauptung (2a). w. z. b. w.

Einen weiteren Beweis führe der Leser selbst aus!
Ebenso leicht überzeugt man sich von der Richtigkeit der Regel

$$A \subseteq B \Rightarrow A \times C \subseteq B \times C \text{ für beliebige Mengen } A, B, C,$$

deren Umkehrung für $C \neq \emptyset$ auch richtig ist. Zweimaliges Anwenden jener Umkehrung liefert die Regel

$$A \times C = B \times C \Rightarrow A = B \text{ für } C \neq \emptyset.$$

Unsere Überlegungen bleiben richtig, wenn in den auftretenden kartesischen Produkten jeweils linker und rechter Faktor vertauscht werden; wegen $C \times A \neq A \times C$ bedürfen die entsprechenden Regeln allerdings eines erneuten Beweises.

# Jeder Topf findet seine Deckel

**1.6. Abbildungen und Funktionen: Der Leser wiederholt und erweitert seine Kenntnisse über Abbildungen, Funktionen und eineindeutige Funktionen sowie über zueinander inverse Abbildungen und die Nacheinanderausführung von Abbildungen.**

Im Abschnitt 1.5. haben wir das kartesische Produkt zweier Mengen kennengelernt. Ist z. B. $E$ die Menge aller Einwohner von Leipzig, $L$ die Menge aller an Leipzigs polytechnischen Oberschulen unterrichtenden Lehrer, so besteht $E \times L$ aus allen geordneten Paaren $(x, y)$ mit $x \in E$, $y \in L$. Im allgemeinen interessiert uns aber nur eine Teilmenge dieses kartesischen Produkts, etwa genau jene geordneten Paare $(x, y)$, für die zu einem bestimmten Zeitpunkt gilt „$x$ ist Schüler von $y$“.
Greifen wir aus dem Kreuzprodukt $M \times M$, wobei $M$ die Menge aller an einem gewissen Stichtag lebenden Menschen bezeichnet, die Teilmenge aller derjenigen Paare $(x, y)$ mit „$x$ korrespondiert mit $y$“ heraus, so werden jeder Person alle ihre Briefpartner zugeordnet.
Unter den Elementen des kartesischen Produkts $T \times D$ ($T$: Menge aller Töpfe, $D$: Menge aller Deckel in einer Küche) interessiert sich die Köchin nur für die Paare $(t, d)$ mit der Eigenschaft „auf $t$ paßt $d$“. Solche Töpfe und Deckel ordnet sie einander als „passend“ zu.
Jede Teilmenge $F$ des kartesischen Produkts $M \times N$ nennt man eine *Abbildung aus M in N*; ist $(x, y) \in F$, so heißt $y$ ein *F-Bild* von $x$ und $x$ ein *F-Urbild* oder *F-Original* von $y$. Sind keine Mißverständnisse zu befürchten, kann man statt $F$-Bild bzw. $F$-Urbild auch kurz Bild bzw. Urbild sagen.
Wir müssen bei dieser Sprechweise besonders auf den unbestimmten Artikel „ein“ achten, denn wir können nicht erwarten, daß ein Element $x \in M$ immer höchstens ein Bild hat, und ebensowenig, daß ein Element $y \in N$ stets höchstens ein Original besitzt. Beispielsweise hat jeder Leipziger Schüler mehrere Lehrer, und jeder Leipziger Lehrer hat mehrere Schüler. Deshalb ist es sinnvoll, die Menge *aller* $F$-Bilder eines Elementes $x \in M$ zu betrachten; man nennt sie das *volle F-Bild* von $x$. Analog heißt die Menge aller $F$-Urbilder des Elements $y \in N$ das *volle F-Urbild* von $y$. Das volle $F$-Bild des Leipziger Einwohners $x$ ist also leer, falls $x$ kein Schüler ist, andernfalls

ist es die Menge aller seiner Lehrer. Das volle $F$-Urbild des Leipziger Lehrers $y$ ist die Menge seiner Schüler. Das Lehrer-Schüler-Beispiel hat uns außerdem darauf aufmerksam gemacht, daß bei der Abbildung $F \subseteq M \times N$ eventuell gewisse Elemente von $M$ überhaupt nicht als $F$-Urbilder auftreten, und ebenso ist es möglich, daß gewisse Elemente von $N$ keine $F$-Bilder sind. In unserem Beispiel treten nur diejenigen Leipziger Einwohner als Urbilder auf, die schulpflichtig sind; und ein Säugling kann nicht Bild bezüglich der Abbildung „$x$ korrespondiert mit $y$" sein.

Man pflegt deshalb diejenige Teilmenge von $M$, die aus allen $F$-Urbildern besteht, den *Vorbereich* oder *Definitionsbereich* von $F$ zu nennen. Analog versteht man unter dem *Nachbereich* bzw. *Wertebereich* von $F$ die in $N$ enthaltene Teilmenge aller $F$-Bilder (Zeichen dafür: $\mathrm{Vb}_F$, $\mathrm{Db}_F$, $\mathrm{Nb}_F$, $\mathrm{Wb}_F$). Ist $F$ unsere Schüler-Lehrer-Abbildung, so erkennt man sofort: $\mathrm{Vb}_F$ ist die Menge aller schulpflichtigen Leipziger Einwohner, $\mathrm{Nb}_F = L$. Für die Köchin ist $\mathrm{Vb}_F = T$ wichtig, d. h., zu jedem Topf lassen sich passende Deckel finden.

In der folgenden Definition sind die soeben eingeführten Begriffe zusammengefaßt.

---

**Definition 1.8:**

(1) Eine *Abbildung* $F$ aus einer Menge $M$ in eine Menge $N$ ist eine Teilmenge des kartesischen Produkts $M \times N$:
$F$ Abbildung aus $M$ in $N \Leftrightarrow F \subseteq M \times N$.
Für „$F$ ist Abbildung aus $M$ in $N$" schreiben wir kurz $F \colon M \to N$.

(2) Ist $(x, y) \in F$, so heißt $y$ ein *F-Bild* von $x$, $x$ ein *F-Urbild* von $y$ oder *F-Original* von $y$. Man sagt, daß dem Element $x$ durch $F$ das Element $y$ *zugeordnet* wird, und schreibt auch $x \underset{F}{\mapsto} y$.

(3) Die Menge aller $F$-Bilder von $x \in M$ heißt das *volle F-Bild* von $x$; die Menge aller $F$-Urbilder von $y \in N$ heißt das *volle F-Urbild* von $y$ oder das *volle F-Original* von $y$ oder die *F-Faser* von $y$.

(4) Die Menge aller $F$-Urbilder heißt der *Vorbereich* $\mathrm{Vb}_F$ oder *Definitionsbereich* $\mathrm{Db}_F$ der Abbildung $F$; die Menge aller $F$-Bilder nennt man den *Nachbereich* $\mathrm{Nb}_F$ von $F$ oder *Wertebereich* $\mathrm{Wb}_F$ von $F$.

---

Da Abbildungen nach D(1.8) Mengen sind, ist auch klar, wann zwei Abbildungen $F$, $G$ aus $M$ in $N$ *gleich* heißen:
$F = G$ genau dann, wenn für alle $x \in M$, $y \in N$ gilt:

$(x, y) \in F \Leftrightarrow (x, y) \in G$.

Aus dieser mengentheoretischen Auffassung ergeben sich auch sofort Möglichkeiten der Beschreibung einer Abbildung $F: M \to N$; etwa die Aufzählung aller zu $F$ gehörenden Paare $(x, y) \in M \times N$ oder die Angabe einer charakteristischen Eigenschaft, welche genau auf die zu $F$ gehörenden Paare des kartesischen Produkts $M \times N$ zutrifft.
Zur Veranschaulichung einer Abbildung $F: M \to N$ ordnet man jedem Element $x \in M$ bzw. jedem Element $y \in N$ genau einen Punkt $P_x$ bzw. $P_y$ der Zeichenebene zu. Verschiedenen Elementen werden verschiedene Punkte zugeordnet, am übersichtlichsten so, daß alle den Elementen von $M$ zugeordneten Punkte in einem gewissen Gebiet der Zeichenebene und alle den Elementen von $N$ zugeordneten Punkte in einem dazu durchschnittsfremden Gebiet dieser Ebene liegen, wie aus Abb. 6 ersichtlich. Sodann zeichnet man einen Pfeil von $P_x$ nach $P_y$ genau dann, wenn $(x, y) \in F$ gilt. Es entsteht ein *Pfeildiagramm* von $F$. Natürlich läßt sich auf diese Weise eine Abbildung nur vollständig erfassen, wenn $\mathrm{Vb}_F$ und $\mathrm{Nb}_F$ endliche Mengen sind. Für das Beispiel $M = \{1, 2, 3, 4\}$, $N = \{0, 2, 4\}$ und $F = \{(1; 0), (2; 0), (2; 2), (3; 0), (3; 2), (4; 0), (4; 2), (4; 4)\}$ zeigt Abb. 6 das Pfeildiagramm von $F$.

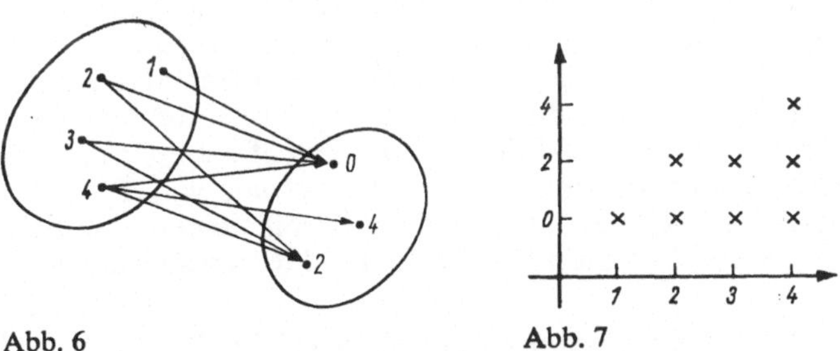

Abb. 6          Abb. 7

Zu einer weiteren Möglichkeit der Veranschaulichung lassen wir uns von der bekannten Darstellung von Funktionen in einem Koordinatensystem inspirieren: Wir zeichnen zwei (der Einfachheit halber zueinander senkrechte) Koordinatenachsen, legen auf einer dieser Achsen Punkte fest, die den Elementen von $M$ entsprechen (voneinander verschiedenen Elementen entsprechen voneinander verschiedene Punkte und umgekehrt), auf der anderen Achse Punkte, die den Elementen von $N$ entsprechen, und markieren in der Zeichenebene nun genau die Punkte mit den Koordinaten $x$, $y$, für die $(x, y) \in F$ gilt. Man erhält dann den *Graph* der Abbildung. Für das obige Beispiel ist dieser Graph in Abb. 7 dargestellt.

Für jede Abbildung $F$ aus $M$ in $N$ ist $\mathrm{Vb}_F \subseteq M$, $\mathrm{Nb}_F \subseteq N$. Die Spezialfälle $\mathrm{Vb}_F = M$ bzw. $\mathrm{Nb}_F = N$ werden auch sprachlich unterschieden: Im Falle $\mathrm{Vb}_F = M$ spricht man von einer Abbildung $F$ *von* $M$ in $N$, im Falle $\mathrm{Nb}_F = N$ von einer Abbildung $F$ aus $M$ *auf* $N$. Es ergeben sich die in der folgenden Tabelle zusammengefaßten vier Fälle für eine Abbildung $F: M \to N$.

|  | $\mathrm{Nb}_F \subseteq N$ | $\mathrm{Nb}_F = N$ |
| --- | --- | --- |
| $\mathrm{Vb}_F \subseteq M$ | $F$ Abb. aus $M$ in $N$ | $F$ Abb. aus $M$ auf $N$ |
| $\mathrm{Vb}_F = M$ | $F$ Abb. von $M$ in $N$ | $F$ Abb. von $M$ auf $N$ |

Betrachten wir noch einige *Beispiele* für Abbildungen:

(1) Ist $K$ ein fester Kreis, so sollen jedem Punkt $P$ der Ebene, in der der Kreis liegt, die Berührungspunkte $P'$ der von $P$ an den Kreis gelegten Tangenten zugeordnet werden. Bezeichnet $M$ die Menge aller Punkte der Ebene, so liegt hier eine Abbildung $F$ aus $M$ in $M$ vor, und es gilt: $(P, P') \in F$ genau dann, wenn $PP'$ Tangente an $K$ mit dem Berührungspunkt $P'$ ist. Also ist $\mathrm{Vb}_F$ die Menge aller nicht im Inneren des Kreises gelegenen Punkte, $\mathrm{Nb}_F$ die Menge aller Punkte auf der Kreisperipherie. Das volle $F$-Bild von $P$ besteht aus genau zwei Punkten (genau einem Punkt), falls $P$ außerhalb von $K$ (auf der Peripherie von $K$) liegt. Das volle $F$-Urbild eines Kreisperipheriepunktes $P'$ ist die Menge aller Punkte der Kreistangente in $P'$.

(2) Die Abbildung $F$ ordne jeder reellen Zahl $x$ ihr Quadrat $x^2$ zu. Dann ist $F$ eine Abbildung von $\mathsf{P}$ in $\mathsf{P}$, genauer von $\mathsf{P}$ auf $\mathsf{P}^+$, wobei $\mathsf{P}^+$ die Menge der nichtnegativen reellen Zahlen bezeichnet. Das volle $F$-Bild jedes Elementes $x \in \mathsf{P}$ besteht aus genau einem Element. Das volle $F$-Urbild eines Elementes $y \in \mathsf{P}$ ist leer, falls $y < 0$, es besteht aus genau einem Element, falls $y = 0$, es besteht aus genau zwei Elementen, falls $y > 0$.

(3) Die Abbildung $F\colon M \to M$ mit $(x, y) \in F$ genau dann, wenn $x = y$, die jedes Element von $M$ auf sich abbildet, heißt *identische Abbildung* $I_M$.

(4) Die Abbildung $F\colon M \to N$ mit $(x, c) \in F$ für alle $x \in M$ und festes $c \in N$, die jedem Element $x \in M$ dasselbe Element $c \in N$ zuordnet, heißt *konstante Abbildung*.

(5) Die Abbildung $P_x\colon M \times N \to M$, die jedem geordneten Paar $(x, y) \in M \times N$ seine erste Komponente $x$ zuordnet, heißt *Projektion* von $M \times N$ auf $M$. Diese Bezeichnung wird sofort verständlich, wenn man sich die Wirkung der Abbildung in einem Koordinatensystem veranschaulicht. Analog nennt man die Abbildung $P_y\colon M \times N \to N$ mit $P_y = \{((x, y), y) \mid x \in M, y \in N\}$ die Projektion von $M \times N$ auf $N$; sie ordnet jedem geordneten Paar $(x, y)$ seine zweite Komponente $y$ zu.

(6) Eine Abbildung $F$ der Menge $\mathsf{N}$ der natürlichen in die Menge $\mathsf{P}$ der reellen Zahlen heißt *Folge*; statt z. B. $F = \{(1, 1); (2, \frac{1}{2}); (3, \frac{1}{3}); (4, \frac{1}{4}); \ldots\}$ pflegt man kurz $1, \frac{1}{2}, \frac{1}{3}, \frac{1}{4}, \ldots$ zu schreiben.

Ist $F\colon M \to N$ eine Abbildung aus $M$ in $N$, so kann man nach der Abbildung fragen, die die durch $F$ gegebene Zuordnung „umkehrt", die also jedem $F$-Bild $y \in N$ wieder alle seine Originale aus $M$, sein volles $F$-Urbild, zuordnet. Diese Abbildung aus $N$ in $M$ wird die *Umkehrabbildung von $F$* oder die *zu $F$ inverse Abbildung* genannt und mit $F^{-1}$ bezeichnet.

> **Definition 1.9:** Unter der *Umkehrabbildung* oder *inversen Abbildung* $F^{-1}$ der Abbildung $F\colon M \to N$ versteht man die Abbildung $F^{-1}\colon N \to M$ mit $F^{-1} = \{(y, x) \mid (x, y) \in F\}$; d. h., $F^{-1}$ enthält ein geordnetes Paar $(y, x)$ genau dann, wenn $(x, y) \in F$ ist.

Aus dieser Definition folgt sofort:
- Falls $(x, y) \in F$, so ist das volle $F$-Bild von $x$ gleich dem vollen $F^{-1}$-Urbild von $x$, und das volle $F$-Urbild von $y$ ist gleich dem vollen $F^{-1}$-Bild von $y$.
- $\mathrm{Vb}_{F^{-1}} = \mathrm{Nb}_F$; $\mathrm{Nb}_{F^{-1}} = \mathrm{Vb}_F$.
- Die zu $F^{-1}$ inverse Abbildung $(F^{-1})^{-1}$ ist gleich der ursprünglichen Abbildung $F$, denn:

$$(F^{-1})^{-1} = \{(x, y) \mid (y, x) \in F^{-1}\} = \{(x, y) \mid (x, y) \in F\} = F.$$

So ist die inverse Abbildung zur Abbildung aus Beispiel 2 jene, die jedem nichtnegativen reellen $y$ die beiden Zahlen $+\sqrt{y}$ und $-\sqrt{y}$ zuordnet.

Für Anwendungen besonders wichtig sind Abbildungen $F$ mit der Eigenschaft, daß jedem Element $x \in \mathrm{Vb}_F$ *genau* ein Bild $y \in \mathrm{Nb}_F$ zugeordnet wird. Solche Abbildungen, wie z. B. die Abbildung aus Beispiel 2, heißen *eindeutige Abbildungen* oder *Funktionen*, und das $F$-Bild von $x$ wird mit $F(x)$ bezeichnet. Auch ist es oft üblich, Funktionen zur besseren Unterscheidung von allgemeinen Abbildungen mit kleinen lateinischen oder auch kleinen griechischen Buchstaben zu bezeichnen, vorzugsweise mit $f, g, h, \varphi, \psi, \varrho, \sigma, \tau, \pi$; z. B. $\iota$ für die identische Abbildung. Das Beispiel 2 lehrt, daß die inverse Abbildung einer eindeutigen Abbildung $F$ durchaus nicht wieder eindeutig sein muß. Dies ist dann und nur dann der Fall, wenn auch für jedes $y \in \mathrm{Nb}_F$ das volle Urbild von $y$ aus genau einem Element $x \in \mathrm{Vb}_F$ besteht, d. h., wenn nicht nur das Original sein Bild eindeutig bestimmt, sondern auch das Bild einen eindeutigen Rückschluß auf das Original gestattet. Solche Abbildungen heißen *eineindeutige Abbildungen* (manchmal auch eindeutig umkehrbare Abbildungen). Durch die Verdoppelung der Silbe „ein" soll angedeutet werden, daß die Abbildung „in beiden Richtungen eindeutig" ist. Ein Beispiel dafür ist die Abbildung $f\colon \mathsf{P} \to \mathsf{P}$ mit $f = \{(x, x^3) \mid x \in \mathsf{P}\}$. Für diese schreibt man häufig kurz $f(x) = x^3$, da die *Zuordnungsvorschrift*, die jedem $x \in \mathrm{Vb}_f$ eindeutig sein Bild $y = x^3 \in \mathrm{Nb}_f$ zuordnet, durch einen Rechenausdruck, auch *Funktionsgleichung* genannt, vermittelt werden kann. Jedoch müssen aber Funktion $f$ und ihre Gleichung, etwa $y = f(x)$, streng voneinander unterschieden werden; es ist

$$f = \{(x, y) \mid x \in \mathrm{Vb}_f \quad \text{und} \quad y = f(x)\}.$$

Außerdem können verschiedene Ausdrücke dieselbe Funktion charakterisieren, z. B. $f = \{(x, y) \mid x \in \mathsf{N} \quad \text{und} \quad y = (-1)^x\}$ $= \left\{(x, y) \mid x \in \mathsf{N} \quad \text{und} \quad y = \sin\left(\pi x + \frac{\pi}{2}\right)\right\}$. Auch müssen wir streng unterscheiden zwischen dem Bild $f(x)$ von $x$ – hierbei ist $x$ ein beliebiges festes Element aus $\mathrm{Vb}_f$ – und der rechten Seite $f(x)$ der Funktionsgleichung, in der $x$ eine Variable mit dem Variablengrundbereich $\mathrm{Vb}_f$ bedeutet. Dieser Hinweis ist besonders deshalb angebracht, da man für beides dasselbe Symbol zu benutzen pflegt.

Ist $f$ eine eineindeutige Abbildung, so ist auch $f^{-1}$ eineindeutig, was der Leser sofort aus der für beliebige Abbildungen $F$ richtigen Beziehung $(F^{-1})^{-1} = F$ folgert.

**Definition 1.10:**

(1) Eine Abbildung $F: M \to N$ heißt *eindeutige Abbildung* oder *Funktion* genau dann, wenn für alle $x \in \mathrm{Vb}_F$, $y_1, y_2 \in \mathrm{Nb}_F$ gilt:

$$[(x, y_1) \in F \quad \text{und} \quad (x, y_2) \in F] \Rightarrow y_1 = y_2;$$

anders gesagt: Verschiedene Bilder haben auch verschiedene Originale.

(2) Eine Abbildung $F: M \to N$ heißt *eineindeutige Abbildung* genau dann, wenn, sie eindeutig ist und darüber hinaus für alle $x_1, x_2 \in \mathrm{Vb}_F$, $y \in \mathrm{Nb}_F$ gilt:

$$[(x_1, y) \in F \quad \text{und} \quad (x_2, y) \in F] \Rightarrow x_1 = x_2;$$

anders gesagt: Verschiedene Bilder haben verschiedene Originale, und verschiedene Originale haben auch verschiedene Bilder.

Betrachten wir noch die Nacheinanderausführung von Abbildungen, eine für Funktionen bereits wohlbekannte Operation.

**Definition 1.11:** Sind $F: M \to N$ und $G: N \to P$ zwei Abbildungen, so versteht man unter dem *Produkt* oder der *Nacheinanderausführung* $F \circ G$ (lies „$G$ nach $F$") diejenige Abbildung aus $M$ in $P$ mit

$$F \circ G = \{(x, z) \mid \text{es gibt ein } y \text{ mit } (x, y) \in F \text{ und } (y, z) \in G\}.$$

Eine besonders anschauliche Vorstellung von der Nacheinanderausführung zweier Abbildungen vermittelt das Pfeildiagramm (vgl. Abb. 8). Es entsteht, indem man von allen hintereinander-

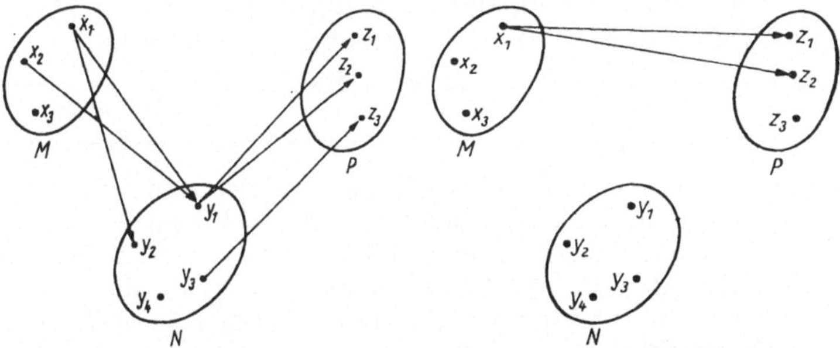

Abb. 8: Pfeildiagramme von $F: M \to N$, $G: N \to P$ (links) und $F \circ G$ (rechts). Eingetragen ist $F \circ G (x_1)$; man ergänze $F \circ G (x_2)$, $F \circ G (x_3)$.

gekoppelten Paaren von zu $F$ bzw. zu $G$ gehörenden Pfeilen übergeht zum „Überbrückungspfeil", der ein Element von $M$ unmittelbar mit einem Element von $P$ verbindet. Schließlich ist es auch nützlich, darüber nachzudenken, wie man eine eindeutige (eineindeutige) Abbildung an ihrem Pfeildiagramm bzw. an ihrem Graph erkennt.

Sind die Funktionen $f$ und $g$ durch die Funktionsgleichungen $y = f(x)$ bzw. $y = g(x)$ gegeben, so gehört zu $f \circ g$ die Funktionsgleichung $y = g(f(x))$; es gilt also: $[f \circ g](x) = g(f(x))$ für alle $x \in \mathrm{Vb}_{f \circ g} \subseteq \mathrm{Vb}_f$. Freilich kann es auch passieren, daß $f \circ g = \emptyset$ ist, wenn nämlich $\mathrm{Nb}_f \cap \mathrm{Vb}_g = \emptyset$.
Ist $F$ eine Abbildung aus $M$ in $M$, so kann man auch $F \circ F$ bilden. Beispielsweise ist für $F = \{(x, y) \mid x \in \mathsf{P} \setminus \{0\}$ und $y = \dfrac{1}{x}\}$ das Produkt $F \circ F = I_{\mathrm{Vb}_F}$ (Identität auf $\mathrm{Vb}_F$). Abbildungen $F \neq I$ mit der Eigenschaft $F \circ F = I_{\mathrm{Vb}_F}$ heißen *Involutionen*; zweimaliges Anwenden einer Involution $F$ auf ein Element $x \in \mathrm{Vb}_F$ führt also auf dieses Element $x$ zurück. Auch die Spiegelung aller Punkte einer Ebene an einer Geraden als Spiegelachse ist eine involutorische Abbildung.
Über die Verkettung von Abbildungen läßt sich der folgende Satz aussprechen:

---

**Satz 1.4:**

(1) Ein mehrfaches Produkt von Abbildungen läßt sich beliebig beklammern:
$$F_1 \circ (F_2 \circ F_3) = (F_1 \circ F_2) \circ F_3.$$

(2) Die Reihenfolge der Faktoren in einem Produkt von Abbildungen ist wesentlich; i. allg. gilt $F \circ G \neq G \circ F$.

(3) $(F \circ G)^{-1} = G^{-1} \circ F^{-1}$ für beliebige Abbildungen.

(4) $F, G$ eindeutig (eineindeutig) $\Rightarrow F \circ G$ eindeutig (eineindeutig).

---

*Beweis*: (1) Ist $(x, u) \in F_1 \circ (F_2 \circ F_3)$, so existiert nach Definition D(1.11) ein $y$ mit $(x, y) \in F_1$ und $(y, u) \in F_2 \circ F_3$; aus letzterem folgt wieder die Existenz eines $z$ mit $(y, z) \in F_2$ und $(z, u) \in F_3$. Danach ist aber $(x, z) \in F_1 \circ F_2$ und $(z, u) \in F_3$, also $(x, u) \in (F_1 \circ F_2) \circ F_3$. Mithin gilt $F_1 \circ (F_2 \circ F_3) \subseteq (F_1 \circ F_2) \circ F_3$, und die umgekehrte Inklusionsbeziehung zeigt man ebenso (Abb. 9 illustriert dies für drei Funktionen $f_1, f_2, f_3$).

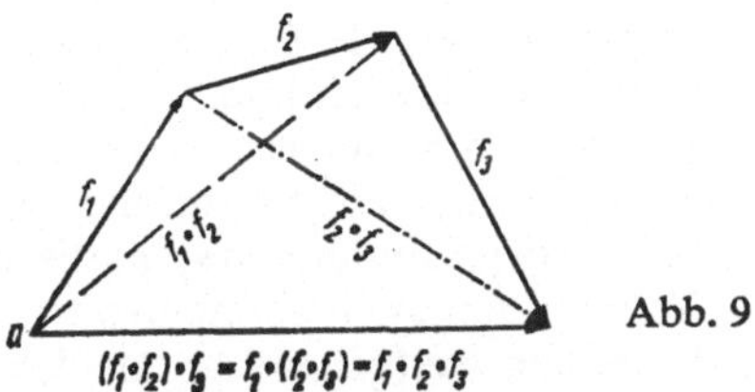



Abb. 9

(2) Ist $F: M \rightarrow N$, $G: N \rightarrow P$, so ist zwar $F \circ G$ eine Abbildung aus $M$ in $P$, $G \circ F$ aber i. allg. gar nicht bildbar (wenn $N \cap P = \emptyset$). Aber auch wenn $F \circ G$ und $G \circ F$ beide existieren, sind sie in der Regel voneinander verschieden, wie man bereits an den beiden reellen Funktionen mit den Gleichungen $f(x) = x^2$ und $g(x) = \sin x$ erkennt: $[f \circ g](x) = \sin(x^2)$, aber $[g \circ f](x) = (\sin x)^2 = \sin^2 x$.

(3) Ist $(z, x) \in (F \circ G)^{-1}$, so ist nach Definition der inversen Abbildung $(x, z) \in F \circ G$; folglich gibt es ein $y$ mit $(x, y) \in F$ und $(y, z) \in G$. Dann ist aber $(y, x) \in F^{-1}$ und $(z, y) \in G^{-1}$ und mithin $(z, x) \in G^{-1} \circ F^{-1}$. Damit haben wir $(F \circ G)^{-1} \subseteq G^{-1} \circ F^{-1}$, und die umgekehrte Inklusionsbeziehung zeigt man ebenso.

(4) Für die Eindeutigkeit von $F \circ G$ ist zu zeigen: Aus $(x, z_1) \in F \circ G$ und $(x, z_2) \in F \circ G$ folgt $z_1 = z_2$. Wegen $(x, z_1) \in F \circ G$ gibt es ein Element $y_1$ mit $(x, y_1) \in F$ und $(y_1, z_1) \in G$, und wegen $(x, z_2) \in F \circ G$ gibt es ein Element $y_2$ mit $(x, y_2) \in F$ und $(y_2, z_2) \in G$. Aus $(x, y_1) \in F$ und $(x, y_2) \in F$ folgt jedoch mit der Eindeutigkeit von $F$, daß $y_1 = y_2 = y$ ist. Dann hat man aber $(y, z_1) \in G$ und $(y, z_2) \in G$ und schließt mit der Eindeutigkeit von $G$ auf $z_1 = z_2$. Also ist $F \circ G$ eindeutig. Sind $F$ und $G$ sogar eineindeutig, so sind $F$, $G$, $F^{-1}$, $G^{-1}$ insbesondere sämtlich eindeutig. Nach dem eben Bewiesenen sind dann auch die Produkte $F \circ G$ und $G^{-1} \circ F^{-1} = (F \circ G)^{-1}$ eindeutige Abbildungen. Infolgedessen ist $F \circ G$ eineindeutig.

## Onkel Theodor schreibt sein Testament

**1.7. Zerlegung einer Menge in Klassen: Hier wird erläutert, wann eine Aufteilung einer Menge in Teilmengen eine Zerlegung dieser Menge in Klassen heißt.**

Klaus berichtet seinem Freund Peter: „Kürzlich wollte Werner im Unterricht alle Dreiecke in rechtwinklige und gleichschenklige Dreiecke einteilen. Unser Lehrer war zwar glücklich, daß

Werner überhaupt zwei mathematische Begriffe behalten hatte, wir aber genossen wieder einmal eine lustige Minute."
Gewiß kann der Leser die Heiterkeit von Klaus verstehen, und wir ersparen uns deshalb einen Kommentar. So unüberlegt Werner Dreiecke einteilen wollte, so sorgfältig und systematisch geht Onkel Theodor beim Schreiben seines Testamentes vor, denn er will unnötigen Streit der Erben weitgehend vermeiden. Deshalb möchte er sein Hab und Gut so aufteilen, daß kein Objekt bei der Verteilung auf die Erben unberücksichtigt bleibt, daß aber auch keines der Objekte mehreren Erben zugesprochen wird. Außerdem soll jeder gesetzliche Erbe bedacht werden. Respektieren die Erben dann seinen Willen, gibt es keine Unstimmigkeiten über die Aufteilung des Erbgutes.
Das veranlaßt uns zu überlegen, welchen Prinzipien eine Einteilung oder *Zerlegung* einer Menge $M$ in Teilmengen, die man dann *Klassen* nennt, gehorchen muß. Zuerst ist natürlich darauf zu achten, daß jedes Element der Menge $M$ einer der Klassen zugeordnet wird, d. h., daß bei der Einteilung von $M$ in Klassen alle Elemente erfaßt werden. Dies hat Onkel Theodor wohl bedacht. Hingegen können wir die Untergliederung der ganzen Zahlen G in positive ganze Zahlen und negative ganze Zahlen nicht als Zerlegung von G akzeptieren, da hier die Zahl 0 übersehen wurde.
Auch die Einteilung der Vierecke in Parallelogramme, Rhomben, Drachenvierecke und Vierecke mit vier verschieden langen Seiten ist recht zweifelhaft, da wir beispielsweise nicht wissen, ob wir die Quadrate zu den Parallelogrammen oder zu den Rhomben oder zu den Drachenvierecken rechnen sollen. Selbstverständlich möchten wir doch von jedem Element der zu zerlegenden Menge genau wissen, in welche Klasse der Zerlegung es fällt; so, wie Onkel Theodor dafür sorgt, daß kein Erbstück mehreren Erben zukommt. Diese Forderung erfüllen wir offenbar durch die naheliegende Bedingung, daß je zwei verschiedene Klassen immer elementfremd sein sollen.
Schließlich wird auch niemand auf die Idee verfallen, mehr paarweise elementfremde Klassen zu bilden, als zur Zerlegung der Menge erforderlich sind; etwa eine Menge von blauen bzw. roten bzw. grünen bzw. gelben Gegenständen entsprechend ihrer Farbe in fünf oder mehr Klassen aufzuteilen, wobei dann natürlich mindestens eine Klasse leer bleibt. Wir verlangen also vernünftigerweise, daß keine der bei einer Zerlegung von $M$ auftretenden Klassen leer sein soll.

Bedenkend, daß die Klassen einer Zerlegung von $M$ Teilmengen von $M$ sind, die Menge aller Klassen der Zerlegung also eine Teilmenge der Potenzmenge $\mathscr{P}(M)$ von $M$ ist, können wir nun den Begriff „Zerlegung von $M$" definieren.

> **Definition 1.12:** Sind $K_i$ Teilmengen einer Menge $M$ ($i = 1, 2, 3, \ldots$; möglicherweise unendlich viele), so heißt die Menge $\mathfrak{Z} = \{K_i\}$ aller dieser Teilmengen eine *Zerlegung* oder *Klasseneinteilung* von $M$ genau dann, wenn gleichzeitig gelten:
>
> (1) Jedes $x \in M$ kommt in einer der Teilmengen $K_i$ vor.
>
> (2) Je zwei dieser Teilmengen sind entweder gleich oder elementfremd:
> $$K_i \neq K_j \Rightarrow K_i \cap K_j = \emptyset.$$
>
> (3) Keine der Teilmengen ist leer: $K_i \neq \emptyset$ für alle $K_i$.
>
> Die Teilmengen $K_i$ von $\mathfrak{Z}$ heißen dann die *Klassen* der Zerlegung $\mathfrak{Z}$ von $M$.

Sehen wir uns nun einige *Beispiele* solcher Zerlegungen an:

(1) Bei der Konstruktion des Bereiches der gebrochenen Zahlen in Klasse 6 geht man aus von der Menge aller geordneten Paare $(a, b)$ natürlicher Zahlen $a$, $b$ mit $b \neq 0$, schreibt aber statt $(a, b)$ gewöhnlich $\frac{a}{b}$ und nennt dies einen Bruch. Nun wird jedem Bruch $\frac{a}{b}$ eine Klasse $K\left(\frac{a}{b}\right)$ solcher Brüche zugeordnet durch die Vorschrift: $\frac{c}{d} \in K\left(\frac{a}{b}\right)$ genau dann, wenn $a \cdot d = c \cdot b$. Beispielsweise enthält die Klasse $K\left(\frac{3}{9}\right)$ u. a. die Brüche $\frac{1}{3}, \frac{2}{6}, \frac{3}{9}, \frac{15}{45}, \frac{113}{339}$.

Prüfen wir, ob diese Vorschrift zu einer Klasseneinteilung der Menge aller Brüche führt.

(a) Ein beliebiger Bruch $\frac{a}{b}$ kommt in mindestens einer der Klassen vor, nämlich in der Klasse $K\left(\frac{a}{b}\right)$, denn wegen $ab = ab$ ist $\frac{a}{b} \in K\left(\frac{a}{b}\right)$.

3*

(b) Sind $K\left(\dfrac{a}{b}\right)$ und $K\left(\dfrac{c}{d}\right)$ verschiedene Klassen, so sind sie elementefremd, was man am einfachsten indirekt zeigt:

Wäre $\dfrac{x}{y}$ ein Element, das beiden Klassen und mithin ihrem Durchschnitt angehört, so würde aus $\dfrac{x}{y} \in K\left(\dfrac{a}{b}\right)$ folgen, daß $ay = xb$, und analog erhielte man $cy = xd$ aus $\dfrac{x}{y} \in K\left(\dfrac{c}{d}\right)$.

Die Schlußkette

$$\left.\begin{array}{l} ay = xb \Rightarrow ayd = xbd \\ cy = xd \Rightarrow cyb = xdb \end{array}\right\} \Rightarrow ayd = cyb \underset{y \,\neq\, 0}{\Rightarrow} ad = cb$$

liefert $ad = cb$, und daraus folgt, wie wir sogleich sehen werden, die Gleichheit der beiden Klassen im Widerspruch zu ihrer vorausgesetzten Verschiedenheit. Ist nämlich $\dfrac{a'}{b'}$ irgendein Element aus $K\left(\dfrac{a}{b}\right)$, d. h. $ab' = a'b$, so gilt auch $a'bd = ab'd$ $= b'(ad) = b'(cb) = cbb'$, woraus wegen $b \neq 0$ folgt $a'd = cb'$, d. h. aber $\dfrac{a'}{b'} \in K\left(\dfrac{c}{d}\right)$. Also ist $K\left(\dfrac{a}{b}\right) \subseteq K\left(\dfrac{c}{d}\right)$, und in derselben Weise zeigt man $K\left(\dfrac{c}{d}\right) \subseteq K\left(\dfrac{a}{b}\right)$; der Leser schreibe diesen Beweisteil auf! Folglich ist $K\left(\dfrac{a}{b}\right) = K\left(\dfrac{c}{d}\right)$.

(c) Keine der Klassen ist leer, denn $K\left(\dfrac{a}{b}\right)$ enthält, wie bereits unter (a) gezeigt, mindestens den Bruch $\dfrac{a}{b}$.

Damit erhalten wir eine Zerlegung der Menge aller Brüche in die sogenannten „Klassen quotientengleicher Brüche", wie der Leser sicher schon erkannt hat. Jede solche Klasse heißt eine gebrochene Zahl.

(2) Wir zerlegen die Menge G der ganzen Zahlen in drei Klassen $K_0$, $K_1$ und $K_2$ nach folgender Vorschrift: Die Klasse $K_0$ enthalte genau die durch 3 teilbaren ganzen Zahlen, $K_1$ (bzw. $K_2$) enthalte jene ganzen Zahlen, die bei Division durch 3 den Rest 1 (bzw. 2) lassen. Zwei ganze Zahlen, die bei Division durch 3 denselben Rest lassen, nennt man *restegleich bei Divi-*

*sion durch* 3 oder *kongruent modulo* 3 und schreibt dies $a \equiv b \bmod 3$ bzw. $a \equiv b(3)$. Beispielsweise ist $623 \equiv 263 \bmod 3$, aber $624 \not\equiv 263 \bmod 3$, wobei $\not\equiv$ als „nicht kongruent modulo 3" aufzufassen und zu lesen ist. Wie sehen die Klassen der Zerlegung aus?

$$K_0 = \{..., -9, -6, -3, 0, 3, 6, 9, ... \} = \{3n \mid n \in G\}$$
$$K_1 = \{..., -8, -5, -2, 1, 4, 7, 10, ...\} = \{3n + 1 \mid n \in G\}$$
$$K_2 = \{..., -7, -4, -1, 2, 5, 8, 11, ...\} = \{3n + 2 \mid n \in G\}$$

Eigentlich sind wir noch gar nicht berechtigt, von Klassen zu sprechen, wenn dies auch einleuchtend zu sein scheint. Überprüfen wir dies also noch:

(a) Jede ganze Zahl gehört einer Klasse an, nämlich $K_i$, falls sie bei Division durch 3 den Rest $i$ läßt. Da nur die Reste 0, 1 bzw. 2 möglich sind, liegt sie in $K_0$, $K_1$ bzw. $K_2$.

(b) Zwei verschiedene Klassen $K_i$ und $K_j$ sind elementfremd, denn da der bei Division durch 3 auftretende nichtnegative Rest (kleiner als 3) eindeutig bestimmt ist, gibt es keine ganzen Zahlen, die bei Division durch 3 sowohl den Rest $i$ als auch den Rest $j \neq i$ lassen.

(c) Keine Klasse ist leer; z. B. ist $0 \in K_0$, $1 \in K_1$, $2 \in K_2$. Die Klassen dieser Zerlegung nennt man in naheliegender Weise *Restklassen modulo* 3; analog kann man G natürlich auch zerlegen in sechs Restklassen modulo 6, in 529 Restklassen modulo 529, allgemein in $m$ Restklassen modulo $m$ $(m \geq 2)$. Die Restklassen spielen in der Mathematik eine wichtige Rolle, beispielsweise in der Zahlentheorie. Auch werden wir im folgenden allgemeine Zusammenhänge häufig an Hand des Beispiels der Restklassen erläutern.

(3) Die Einteilung des Definitionsbereiches einer Funktion $f$ in Klassen bildgleicher Elemente, d. h. in die vollständigen Urbilder der Elemente des Wertebereiches, ist eine Zerlegung; die Klassen der Zerlegung heißen auch die *Fasern* der Funktion und sind definiert durch $K_y = \{z \in \mathrm{Db}_f \mid (z, y) \in f\}$.

(a) Jedes Element $x \in \mathrm{Db}_f$ gehört zu mindestens einer Klasse denn wegen $x \in \mathrm{Db}_f$ enthält $f$ mindestens ein Paar mit $x$ als erster Komponente: $(x, y) \in f$. Also ist $x \in K_y$.

(b) Je zwei verschiedene Klassen $K_y \neq K_z$ sind elementfremd, denn wäre $x \in K_y$ und $x \in K_z$, so wäre $(x, y) \in f$ und $(x, z) \in f$, woraus wegen der Eindeutigkeit von $f$ sofort $y = z$, also $K_y = K_z$ im Widerspruch zu $K_y \neq K_z$ folgt.

(c) Keine Klasse ist leer, denn jedes $f$-Bild besitzt mindestens ein Urbild.

So gehört für die Funktion mit der Gleichung $y = \sin x$ zum Bild $y = 0$ die Faser

$$K_o = \{\ldots, -2\pi, -\pi, 0, \pi, 2\pi, \ldots\} = \{k\pi \mid k \text{ ganz}\};$$

zum Bild $y = s\,(-1 \leq s \leq +1)$ als Faser $K_s$ die Menge der Abszissen aller Schnittpunkte der Geraden $y = s$ mit dem Graph der Sinusfunktion. Muß man beim Lösen einer goniometrischen oder trigonometrischen Aufgabe den gesuchten Winkel aus dem Wert einer Winkelfunktion ermitteln, muß man also aus der Tafel dieser Funktion „aussteigen", so entnimmt man in unserer Sprechweise der Tafel ein Element der Faser. Die gesamte Faser, d. h. sämtliche Lösungen der goniometrischen Gleichung, erhält man dann unter Beachtung der Quadrantenrelationen und der Periodizität der Funktion.

(4) Wir betrachten noch ein interessantes Beispiel für die Zerlegung einer Menge, deren Elemente wieder Mengen sind: In der Potenzmenge $\mathscr{P}(\mathsf{P})$ der Menge $\mathsf{P}$ der reellen Zahlen sollen die Mengen $A, B \in \mathscr{P}(\mathsf{P})$ genau dann zur selben Klasse gehören, wenn es eine eineindeutige Abbildung von $A$ auf $B$ gibt. Sind die Mengen $A$ und $B$ endlich, so ist dafür offenbar notwendig und hinreichend, daß sie die gleiche Anzahl von Elementen besitzen. Im Bereich der endlichen Teilmengen der Potenzmenge $\mathscr{P}(\mathsf{P})$ führt diese Vorschrift also zu einer Einteilung der Mengen nach ihrer Elementeanzahl, und dies ist gewiß eine Zerlegung gemäß unserer Definition. Falls auch unendliche Mengen mit ins Spiel kommen, ist allerdings noch zu prüfen, ob auch dann eine Zerlegung vorliegt. Welche Klassen bezüglich der Zerlegung dann noch auftreten, wird im Abschnitt 1.8. verraten.

Im Anschluß an diese Beispiele erheben sich die Fragen: Ist es möglich, jede Zerlegung einer Menge $M$ durch eine sogenannte Zerlegungsvorschrift zu erzeugen, d. h. durch eine Beziehung, die angibt, wann zwei Elemente von $M$ zur selben Klasse gehören sollen und wann dies nicht gelten soll?

Welche Eigenschaften muß eine solche Beziehung zwischen den Elementen von $M$ haben, damit sie eine Zerlegung von $M$ hervorruft?

Diesen Fragen wenden wir uns im Abschnitt 2.3. zu.

# Ist ein Teil kleiner als das Ganze?

## 1.8. Begriff der Mächtigkeit: Interessantes über unendliche Mengen.

Sind zu einer Geburtstagsfeier Gäste eingeladen, so ist es nahezu selbstverständlich, daß jeder einen Teil des Geburtstagskuchens bekommt und daß dieser Teil kleiner ist als der ganze Kuchen.

Bezogen auf Aussagen über Mengen wollen wir „Teil vom Ganzen" mit „echte Teilmenge einer Menge" übersetzen. Wir werden nun die interessante Entdeckung machen, daß die Behauptung, ein Teil ist „kleiner" als das Ganze, zwar für endliche Mengen stets, für unendliche Mengen aber nicht notwendig gelten muß.

Ist in einem Kino jeder Stuhl besetzt, so besitzt die Menge der Besucher genau so viele Elemente wie die Menge der im Kino vorhandenen Stühle. Man weiß dies, ohne daß Stühle und Besucher gezählt werden müssen. Jedem Stuhl kann genau ein Besucher (nämlich der Benutzer des Stuhles) und jedem Besucher genau ein Stuhl (nämlich sein Sitzplatz) zugeordnet werden. Es existiert eine *eineindeutige Abbildung von* der Menge der Stühle *auf* die Menge der Besucher.

Offenbar besteht bei endlichen Mengen der hier charakterisierte Zusammenhang stets: Haben $A$ und $B$ die gleiche Anzahl von Elementen, so existiert eine eineindeutige Abbildung von $A$ auf $B$. Man kann ja die Elemente von $A$ und $B$ „durchnumerieren" und Elemente mit gleicher Nummer einander zuordnen. Umgekehrt folgt aus der Existenz einer derartigen Abbildung, daß $A$ genau so viele Elemente hat wie $B$.

Faßt man jeweils die Mengen in einer Klasse zusammen, welche die gleiche Anzahl von Elementen besitzen, so entsteht eine Zerlegung aller endlichen Mengen in Klassen. Jeder Klasse kann man einen Namen geben. Die Klasse aller Einermengen heißt „1", die aller Zweiermengen „2" und so fort. Die Klasse, welche nur die Menge $\emptyset$ als Element enthält, bekommt den Namen „0".

Der Begründer der Theorie der Mengen, GEORG CANTOR[1]), hatte die Idee, das Verfahren, Mengen eineindeutig auf-

---

[1]) *Georg Cantor* (1845–1918), deutscher Mathematiker; arbeitete besonders über Analysis und Topologie; seine Hauptleistungen sind die arithmetische Definition der irrationalen Zahlen und vor allem die Begründung der Mengenlehre. Cantor war auch einer der Begründer der deutschen und der internationalen Mathematikerkongresse.

einander abzubilden, auch auf unendliche Mengen anzu-
wenden. Damit würde es möglich, die für endliche Mengen
erklärte Beziehung „$A$ ist anzahlgleich mit $B$" zu verallgemeinern. Inwieweit dies nützlich ist, wird sich freilich noch erweisen müssen.

---

**Definition 1.13:** Eine Menge $M_1$ heißt *gleichmächtig* oder
*äquivalent* zur Menge $M_2$ genau dann, wenn es eine eineindeutige Abbildung von $M_1$ auf $M_2$ gibt; in Zeichen:
$M_1 \sim M_2$.
Die leere Menge soll nur zu sich selbst gleichmächtig sein.

---

Auch die Gleichmächtigkeitsbeziehung für Mengen besitzt die
im Anschluß an D(1.1) im Abschnitt 1.2. formulierten Eigenschaften (1), (2) und (3).
Endliche Mengen sind also genau dann äquivalent, wenn sie
die gleiche Anzahl von Elementen enthalten. Wie sich D(1.13)
auf unendliche Mengen auswirkt, wollen wir zunächst an Beispielen untersuchen.
Wir ordnen jedem Element aus N sein Doppeltes zu.

| | |
|---|---|
| $0 \leftrightarrow 0$ | $157 \leftrightarrow 314$ |
| $1 \leftrightarrow 2$ | $158 \leftrightarrow 316$ |
| $2 \leftrightarrow 4$ | $\ldots\ldots\ldots$ |
| $\ldots\ldots$ | $n \leftrightarrow 2n$ |
| $156 \leftrightarrow 312$ | $\ldots\ldots\ldots$ |

Auf diese Weise erhält man zu jeder natürlichen Zahl genau
eine gerade Zahl und zu jeder geraden Zahl genau eine natürliche Zahl, wie im beigefügten Schema angedeutet; die Doppel-
pfeile verbinden die durch die eineindeutige Abbildung einander zugeordneten Elemente. N ist zur Menge der geraden
Zahlen äquivalent. Eine zunächst verblüffende Deutung dieser
Tatsache ist die folgende:
Ein vollbelegtes Hotel mit unendlich vielen Einbettzimmern,
denen die Zimmernummern 1, 2, ..., $n$, ... zugeordnet werden,
kann noch weitere Gäste aufnehmen, wenn man den Gast aus
Zimmer 1 in Zimmer 2, den Gast aus Zimmer 2 in Zimmer 4
den Gast aus Zimmer 3 in Zimmer 6 ... verlegt. Nach dieser

Umbelegung sind alle bisherigen Gäste untergebracht und alle
Zimmer mit ungeraden Nummern für die Belegung weiterer
(sogar unendlich vieler) Gäste frei geworden. Offenbar ist N
auch gleichmächtig zur Menge $Q$ aller Quadratzahlen bzw.
zur Menge $Z$ aller durch $10^{10}$ teilbaren Zahlen. Man gebe
entsprechende eineindeutige Abbildungen an!
N ist eine unendliche Menge. Alle Mengen, die zu N
äquivalent sind – dazu gehört selbstverständlich auch die
Menge N selbst –, heißen *abzählbar unendliche Mengen*. Diese
Bezeichnung ist sinnvoll gewählt, denn ist eine Menge $M$
äquivalent zu N, so kann man jedem Element von $M$
eineindeutig eine natürliche Zahl zuordnen. Auf diese Weise
werden die Elemente von $M$ „abgezählt". Die oben genannten Beispiele zeigen, daß auch die Menge der geraden
Zahlen und die aller Quadratzahlen abzählbar unendliche
Mengen sind. Die Übungsaufgabe 18 erfordert den Beweis der Aussage, daß auch die Menge R* zu den abzählbar unendlichen Mengen gehört. Dieses Ergebnis ist um
so erstaunlicher, als die gebrochenen Zahlen überall „dicht"
liegen, d. h., zwischen zwei noch so nahe beieinanderliegen-
den Zahlen aus R* liegt stets noch mindestens eine weitere
gebrochene Zahl.
Wie wir festgestellt haben, kann es bei endlichen Mengen niemals vorkommen, daß eine echte Teilmenge $T$ einer Menge $M$
äquivalent zu $M$ ist, während dies bei unendlichen Mengen
durchaus auftritt. Wir haben ja gezeigt, daß die Menge $G$ der
geraden Zahlen, N und R* paarweise zueinander gleichmächtig sind, obwohl $G \subset N \subset R^*$ gilt.
Es ist eine interessante Frage, ob es auch *nichtabzählbare* unendliche Mengen gibt oder ob mit den abzählbaren Mengen
bereits der Reichtum unendlicher Mengen erschöpft ist. Wir
zeigen: Die Menge $I = \{x \mid x \in P \text{ und } 0 < x < 1\}$ ist zwar eine
unendliche, jedoch keine abzählbar unendliche Menge. Wir
führen den Beweis indirekt, indem wir annehmen, $I$ sei doch
abzählbar unendlich.
Jedes Element aus $I$ läßt sich auf genau eine Art als unendlicher
Dezimalbruch ohne Neunerperiode in der Form

$$x = 0, a_1 \, a_2 \, a_3 \, \ldots \text{ schreiben } \left( \text{z. B. ist } \frac{1}{4} = 0{,}25\bar{0}\ldots; \right.$$

$$\left. \frac{2}{11} = 0{,}\overline{18}\ldots; \quad \frac{5}{7} = 0{,}\overline{714285}\ldots \right). \text{ Wäre } I \text{ abzählbar unend-}$$

lich, so gäbe es mindestens eine eineindeutige Abbildung von

N auf $I$. Eine solche sei die folgende Abbildung:

$$1 \leftrightarrow 0, a_{11}\ a_{12}\ a_{13}\ a_{14}\ \ldots = x_1$$
$$2 \leftrightarrow 0, a_{21}\ a_{22}\ a_{23}\ a_{24}\ \ldots = x_2$$
$$3 \leftrightarrow 0, a_{31}\ a_{32}\ a_{33}\ a_{34}\ \ldots = x_3$$
$$\cdots\cdots\cdots\cdots\cdots\cdots\cdots\cdots\cdots\cdots$$
$$n \leftrightarrow 0, a_{n1}\ a_{n2}\ a_{n3}\ a_{n4}\ \ldots = x_n$$

Auf Grund unserer Annahme müssen durch diese Abbildung alle Elemente $x \in I$ erfaßt werden. Es lassen sich jedoch Elemente aus $I$ angeben, die in dieser Liste nicht auftreten. Wir bilden ein $x' = 0, b_1\ b_2\ b_3\ b_4\ \ldots$ der Art, daß $b_i = 1$ ist, falls $a_{ii} \neq 1$, und $b_i = 2$, falls $a_{ii} = 1$. Die so konstruierte reelle Zahl $x'$ kann mit keinem der oben aufgeführten Elemente $x_i \in I$ übereinstimmen, andererseits ist $x' \in I$ wegen $0 < x' < 1$ und $x' \in P$. Also kann es keine eineindeutige Abbildung von N auf $I$ geben; die Menge $I$ ist nicht abzählbar unendlich. Man nennt eine derartige Menge $I$ reeller Zahlen ein *Intervall*. Jedes Intervall reeller Zahlen ist gleichmächtig zur Menge aller reellen Zahlen. Man sagt, diese Mengen besitzen die Mächtigkeit eines *Kontinuums*.

Es gibt sogar unendliche Mengen, die weder zu den abzählbaren unendlichen Mengen gehören noch zu denen von der Mächtigkeit eines Kontinuums. Die Menge aller reellen Funktionen, deren Definitionsbereich das Intervall $I$ ist, gehört zu ihnen.

Offen ist aber noch die eingangs gestellte Frage, wann eine Menge „kleiner" als eine andere sein soll. Für endliche Mengen bietet sich die Zahl der Elemente als Vergleichsgröße an. Für beliebige Mengen wollen wir folgendes festlegen: Eine Menge $M_1$ besitzt eine geringere (kleinere) Mächtigkeit als die Menge $M_2$ genau dann, wenn $M_1$ nicht gleichmächtig zu $M_2$ ist und wenn es eine echte Teilmenge von $M_2$ gibt, die zu $M_1$ äquivalent ist.

Bezüglich endlicher Mengen leistet diese Definition das gleiche, als wenn wir die Zahl der Elemente jener Mengen miteinander vergleichen würden.

Es ist interessant, daß diese Definition auch bezüglich unendlicher Mengen eine „Stufung" der Mächtigkeit gestattet. Wir haben drei Klassen unendlicher Mengen kennengelernt:

1. Abzählbar unendliche Mengen,
2. Mengen von der Mächtigkeit eines Kontinuums,

3. Mengen, die weder abzählbar unendlich sind noch die Mächtigkeit eines Kontinuums besitzen.

Offenbar kann jede abzählbar unendliche Menge als echte Teilmenge einer geeigneten Menge mit Kontinuumsmächtigkeit aufgefaßt werden, aber nicht umgekehrt. Also sind die abzählbar unendlichen Mengen „kleiner" als solche mit der Mächtigkeit eines Kontinuums.
Die unter 3. genannten Mengen besitzen eine noch größere Mächtigkeit als die eines Kontinuums.
Es ist eine bis heute noch immer offene Frage, ob es eine unendliche Menge gibt, die eine abzählbar unendliche Menge als echte Teilmenge besitzt, selbst echte Teilmenge einer Menge mit Kontinuumsmächtigkeit ist, aber selbst weder zu den unter 1. noch zu den unter 2. genannten Mengen gehört. Die Mächtigkeit einer solchen Menge würde also „zwischen" dem abzählbar Unendlichen und dem Kontinuum liegen. Die sogenannte *Kontinuumshypothese* schließt die Existenz solcher Mengen aus.


## 1.9. Aufgaben

1. Man schreibe folgende Mengen in der Form
   $$M = \{x \mid x \in E \text{ und } H(x)\}.$$
   a) $M_1$: Die Menge aller rationalen Zahlen, die entweder größer als 2 oder kleiner als $-2$ sind.
   b) $M_2$: $\{+1; -1\}$.
   c) $M_3$: Die Menge aller rationalen Zahlen, die sowohl kleiner als $\pi$ als auch größer als $\dfrac{22}{7}$ sind.

2. Drei Geraden $G_1$, $G_2$, $G_3$ einer Ebene werden durch folgende Gleichungen beschrieben:
   $$(G_1)\ x + 2y = 4, \quad (G_2)\ x - 2y = 0, \quad (G_3)\ 3x - 2y = 4.$$
   Man ermittle $G_1 \cap G_2 \cap G_3$ und deute das Ergebnis.

3. Man beweise, daß für beliebige Mengen $A$, $B$ gilt:
   a) $A \cup (A \cap B) = A$,      b) $(A \setminus B) \cup B = A \cup B$.

4. Man zeige: $A \subseteq B \subseteq C \Leftrightarrow A \cup B = B \cap C$.

5. Man beweise: Sind wenigstens zwei der Mengen $A_1$, $A_2$,

..., $A_n$ disjunkt, so gilt $A_1 \cap A_2 \cap ... \cap A_n = \emptyset$. Ist auch die Umkehrung wahr?

6. Es sind $A$ und $B$ beliebige Mengen. Welche der folgenden Aussagen sind logisch äquivalent?

(1) $A \subseteq B$,      (2) $A \cap B = A$,      (3) $A \cup B = B$,
(4) $A \setminus B = \emptyset$.

7. Man beweise folgende Aussage: Für jede beliebige Menge $Z$ gilt (bei vorgegebenen Mengen $A$ und $B$):

$$[A \subseteq Z \quad \text{und} \quad B \subseteq Z] \Rightarrow A \cup B \subseteq Z.$$

Diese Aussage kann wie folgt gedeutet werden: Von allen Obermengen von $A$ und $B$ ist $A \cup B$ die bezüglich der Inklusion „kleinste". Man formuliere eine entsprechende Aussage für den Durchschnitt.

8. Wahr oder falsch? Man untersuche folgende Aussagen:

a) Aus $A \subseteq B$ und $B \nsubseteq C$ folgt $A \nsubseteq C$.
b) Aus $A \nsubseteq B$ folgt $B \nsubseteq A$.
c) Aus $A \subset B$ folgt $B \not\subset A$.
d) Aus $A \subseteq B$ und $A \nsubseteq C$ folgt $B \nsubseteq C$.

9. Man beschreibe die Menge $A \cap (B \cup C)$, falls einer der folgenden Fälle eintritt:

a) $A \cap B = \emptyset$,   b) $B = C$,   c) $A \subseteq C$,   d) $C = \emptyset$,
e) $A = \emptyset$.

10. Man ermittle $A \times B \times C$ für $A = \{0; 2\}$, $B = \{1, 3, 5\}$, $C = \{2; 4\}$.
Aus wieviel Elementen besteht $A \times B$, wenn $A$ eine Menge von $r$ Elementen und $B$ eine Menge von $s$ Elementen ist?

11. Man beweise: $A \times C = B \times C \Rightarrow A = B$ für beliebige Mengen $A$, $B$ und $C \neq \emptyset$.

12. Welche der folgenden Abbildungen sind Funktionen?

$F_1 = \{(1; 3), (2; 5), (3; 4), (4; 3), (5; 3)\}$ von
$\qquad M = \{1, 2, 3, 4, 5\}$ in $M$,
$F_2 = \{(x, y) \mid (x, y) \in \mathsf{N} \times \mathsf{N}$ und $y = x$, falls $x$ gerade;
$\qquad y = x + 1$, falls $x$ ungerade$\}$ von $\mathsf{N}$ in $\mathsf{N}$,
$F_3 = \{(x, y) \mid (x, y) \in \mathsf{N} \times \mathsf{N}$ und $1 + x < y\}$ von $\mathsf{N}$ in $\mathsf{N}$,
$F_4 = \{(x, y) \mid (x, y) \in \mathsf{N} \times \mathsf{N}$ und $x^2 = y^2\}$ von $\mathsf{N}$ auf $\mathsf{N}$,
$F_5 = \{(x, y) \mid (x, y) \in \mathsf{G} \times \mathsf{G}$ und $x^2 = y^2\}$ von $\mathsf{G}$ auf $\mathsf{G}$.

Welche dieser Abbildungen sind sogar eineindeutig? Wie spiegelt sich die Eineindeutigkeit einer Funktion in ihrem Graph bzw. ihrem Pfeildiagramm wider?

13. Für die Funktionen

$$f = \{(x, y) \mid (x, y) \in N \times N \text{ und } y = x^2 + 1\} \quad \text{und}$$
$$g = \{(x, y) \mid (x, y) \in N \times N \text{ und } y = 3x + 2\}$$

bestimme man $f^2$, $g^2$, $f \circ g$, $g \circ f$, $f^{-1}$ und $g^{-1}$.

14. Es sei $M = \{a, b, c, d, e, f, g\}$.
Welche der folgenden Teilmengen von $\mathscr{P}(M)$ sind Zerlegungen von $M$?

a) $\{\{a, b, c\}, \{c\}, \{d, g\}\}$,  c) $\{\{a, b, e, g\}, \{c\}, \{d, f\}\}$,
b) $\{\{a, e, g\}, \{c, a\}, \{b, e, f\}\}$,  d) $\{\{a, b, c, d, e, f, g\}\}$.

15. Man betrachte alle in einer Ebene liegenden Dreiecke. Ist $\triangle$ irgendein Dreieck, so sollen zur Klasse $K(\triangle)$ alle zu $\triangle$ ähnlichen Dreiecke gehören. Man prüfe, ob diese Einteilung eine Zerlegung ist.

16. Welche der folgenden Mengen sind endliche, welche unendliche Mengen?

a) $M_1 = \{x \mid x \in N \text{ und } x > 5\}$,
b) $M_2 = \{x \mid x \in N \text{ und } x < 100^{100}\}$,
c) $M_3 = \{x \mid x \in N \text{ und } x^2 > 100\}$,
d) $M_4 = \{x \mid x \in N \text{ und } 10^{10} \mid x\}$,
e) $M_5 = \{x \mid x \in R \text{ und } 0{,}001 < x < 0{,}002\}$,
f) $M_6 = \{x \mid x \in G \text{ und } |x| < 1000\}$.

17. Man zeige, daß die Menge aller Brüche der Form $\dfrac{1}{n}$ mit $n \in N \setminus \{0\}$ (Stammbrüche) und auch die Menge aller geordneten Paare natürlicher Zahlen abzählbar unendliche Mengen sind.

18. Man beweise: Die Menge $R^*$ aller gebrochenen Zahlen ist eine abzählbar unendliche Menge.

# 2. Relationen

## Beziehungen sind alles

**2.1. Begriff der Relation: Viele Beispiele machen den Leser mit dem Begriff der Relation und Möglichkeiten ihrer Beschreibung bekannt.**

Objekte, Ereignisse und Begriffe pflegen wir oft dadurch zu erfassen, daß wir ihre Beziehungen zu anderen Objekten, Ereignissen bzw. Begriffen aufdecken; z. B.: „Romeo ist verliebt in Julia." Diese Beziehungen oder *Relationen* zwischen den Objekten machen in unseren Kenntnissen oft gerade das Wesentliche aus. So muß beispielsweise bei der axiomatischen Begründung der Geometrie nach DAVID HILBERT[1]) auf die Definition von Grundbegriffen wie Punkt, Gerade, Ebene verzichtet werden; die Axiome, aus denen alle anderen Begriffe und Sätze der euklidischen Geometrie abgeleitet werden können, legen vielmehr nur zwischen diesen Grundbegriffen bestehende Relationen fest.

Wir führen nun vielfältige *Beispiele* an:

- Max und Moritz *sind Brüder.*
- Eisen *ist* (spezifisch) *leichter als* Quecksilber.
- 4 *ist Teiler von* 256; in Zeichen: 4 | 256.
- Erfurt *ist höchstens 100 km entfernt von* Gotha.
- Die Menge der Primzahlen *ist enthalten in* der Menge der ganzen Zahlen.
- 6 *ist teilerfremd zu* 49; in Zeichen: ggT (6; 49) = 1.
- *Aus* „*ABCD* ist ein Quadrat" *folgt* „Die Diagonalen von

---

[1]) *David Hilbert* (1862–1943), deutscher Mathematiker; lieferte Beiträge zu vielen mathematischen Gebieten, z. B. zur Zahlentheorie, Invariantentheorie, Theorie der algebraischen Mannigfaltigkeiten, Theorie der Integralgleichungen, Variationsrechnung, zu den Grundlagen der Mathematik, aber auch zur theoretischen Physik. Die streng axiomatische Begründung der Geometrie ist Inhalt seiner 1899 im Teubner-Verlag erschienenen Arbeit „Die Grundlagen der Geometrie".

*ABCD* halbieren einander"; in Zeichen: *ABCD* Quadrat ⇒ Diagonalen von *ABCD* halbieren einander (vgl. Abb. 10).

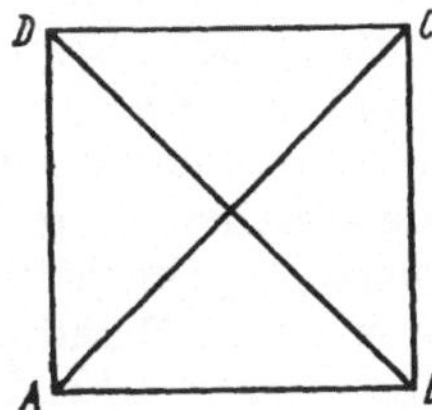


Abb. 10

- Xanthippe *ist verwandt mit* Sokrates.
- 36 *ist Vielfaches von* 9.
- „Schule" *steht im Alphabet vor* „Schuppenflechte".
- 18 *hat ebensoviel Teiler wie* 50.
- 623 *läßt bei Division durch* 3 *denselben Rest wie* 263; in Zeichen: 623 ≡ 263 mod 3.
- 623 *hat dieselbe Quersumme wie* 263.
- 4 *ist kleiner als* 256; in Zeichen: 4 < 256.
- Abraham Gotthelf, Erich und Herbert *haben denselben Familiennamen.*
- Der Bruch $\frac{2}{3}$ *ist quotientengleich* zum Bruch $\frac{18}{27}$; in Zeichen: $\frac{2}{3} = \frac{18}{27}$.
- Die Gerade *AB* aus Abb. 10 *ist parallel zur* Geraden *CD*; in Zeichen: *AB* ∥ *CD*.
- Die Gerade *AC* aus Abb. 10 *ist senkrecht zur* Geraden *BD*; in Zeichen: *AC* ⊥ *BD*.
- 2 *ist Element* der Menge der Primzahlen.

Versuchen wir, aus diesen Beispielen den allgemeinen Begriff einer Relation abzuheben. Zunächst bemerken wir, daß im allgemeinen je zwei Elemente einer Menge *M* (z. B. der Menge der natürlichen Zahlen, der Menge der chemischen Elemente, der Menge der Städte eines Landes, der Menge der Wörter der deutschen Sprache, der Menge der Teilmengen der reellen Zahlen, der Menge der Ausdrücke) zueinander in eine Beziehung gesetzt werden (z. B. ist Teiler von, ist leichter als, ist höchstens 100 km entfernt von, steht im Alphabet vor, ist enthalten in, aus ... folgt). Man sagt, jene Elemente von *M* stehen in dieser Relation; so stehen die Elemente 4 und 256 in der

Relation „ist Teiler von". Offenbar kommt es i. allg. auf die Reihenfolge der Elemente an; die Elemente 256 und 4 stehen nicht in der Relation „ist Teiler von". Also lassen sich die in einer bestimmten Relation $R$ in $M$ stehenden Elemente $x, y \in M$ als geordnete Paare $(x, y)$ auffassen (vgl. Abschnitt 1.5.), und die Relation $R$ in $M$ kann charakterisiert werden durch diejenige Teilmenge des kartesischen Produktes $M \times M$, welche genau alle geordneten Paare $(x, y)$ enthält, für die $x$ in der Relation $R$ zu $y$ steht. Steht $x$ in der Relation $R$ zu $y$, so schreibt man dafür $(x, y) \in R$ oder kürzer $xRy$. Umgekehrt bestimmt jede Teilmenge $T \subseteq M \times M$ eine Relation $R$ in $M$ durch die Festsetzung: $xRy$ genau dann, wenn $(x, y) \in T$.

---

**Definition 2.1:** Unter einer Relation $R$ in der Menge $M$ versteht man eine Teilmenge des kartesischen Produktes $M \times M$.

---

*Beispiele*: Ist $R$ die Relation „ist kleiner als" in der Menge $M$ der natürlichen Zahlen von 0 bis 5, so läßt sich $R$ angeben als Teilmenge von $M \times M$:

$$R = \{(0; 1), (0; 2), (0; 3), (0; 4), (0; 5), (1; 2), (1; 3), (1; 4),$$
$$(1; 5), (2; 3), (2; 4), (2; 5), (3; 4), (3; 5), (4; 5)\}.$$

Die Relation $R = \{(1; 2), (1; 3), (1; 4), (2; 4)\}$ in der Menge $M = \{1, 2, 3, 4\}$ läßt sich auch beschreiben durch: $xRy$ genau dann, wenn $x < y$ und $x \mid y$. (Vgl. dazu die Beschreibung einer Menge durch Aufzählen ihrer Elemente bzw. durch Angabe einer charakteristischen Eigenschaft!)

Jede Teilmenge $R$ von $M \times M$ definiert eine Relation in $M$, also auch die Mengen $R_0 = \emptyset$, $R_a = M \times M$ und $R_i = \{(x, x) \mid x \in M\}$. Die Relation $R_0 = \emptyset$ heißt *Nullrelation* in $M$; keine zwei Elemente von $M$ stehen in dieser Relation. $R_a = M \times M$ heißt *Allrelation* in $M$; jedes Element von $M$ steht in dieser Relation zu jedem Element von $M$. Die Relation $R_i$ schließlich nennt man die *Identität* in $M$ (oder auch *Diagonale*), denn $xR_iy$ gilt dann und nur dann, wenn $x = y$ ist.

Ein Rückblick auf Abschnitt 1.6. zeigt, daß man Relationen in $M$ auch als Abbildungen aus $M$ in $M$ auffassen kann; in diesem Sinne spricht man dann auch vom Vorbereich und vom Nachbereich der Relation $R$ (in Zeichen: $\mathrm{Vb}_R$ bzw. $\mathrm{Nb}_R$).

Ebenso ist es möglich, zwei Relationen im Sinne von Abbildungen nacheinander auszuführen.

Mancher Leser wird bereits bemerkt haben, daß die Definition D(2.1) einer Relation auf das Beispiel „2 ist Element der Menge der Primzahlen" nicht anwendbar ist, obwohl wir doch „ist Element von" als Relation anerkennen möchten. Diese Relation setzt aber Elemente einer Menge $A$ (hier der Menge N der natürlichen Zahlen) in Beziehung zu den Elementen einer anderen Menge $B$ (hier der Potenzmenge von N, aus der die Menge der Primzahlen als eines ihrer Elemente gegriffen ist). Deshalb pflegt man, um solche Fälle noch mit zu erfassen, die Definition einer Relation wie folgt zu erweitern:

> **Definition 2.2:** Eine Relation $R$ zwischen den Mengen $A$ und $B$ ist eine Teilmenge des kartesischen Produktes $A \times B$.

Für solche Relationen sei noch als Beispiel die Relation „liegt auf" zwischen der Menge $A$ aller Punkte einer Ebene und der Menge $B$ aller Geraden dieser Ebene angeführt.

Wir bleiben jedoch für alles Folgende bei Relationen in $M$; solche kann man auf verschiedene Weise beschreiben. Ist die Menge $M$ endlich, dann läßt sich eine Relation $R$ in $M$ (im Prinzip) durch *Aufzählen* der zu $R$ gehörenden geordneten Paare $(x, y) \in M \times M$ angeben, beispielsweise in der Menge $M = \{1, 2, 3, 4, 5, 6\}$ die Relation $R = \{(1;1), (1;2), (1;3), (1;4), (1;5), (1;6), (2;2), (2;4), (2;6), (3;3), (3;6), (4;4), (5;5), (6;6)\}$.

Beachten wir, daß eine Relation $R$ in $M$ eine Menge ist, nämlich eine Teilmenge von $M \times M$, so können wir sie wie jede Menge auch durch eine charakteristische Eigenschaft beschreiben, die für genau jene geordneten Paare aus der Grundmenge $M \times M$ erfüllt ist, die zu $R$ gehören. Obige Relation kann man in dieser Weise charakterisieren durch $R = \{(x, y) \mid x, y \in M$ und $x \mid y\}$ mit $M = \{1, 2, 3, 4, 5, 6\}$.

Da jede Relation $R$ in $M$ auch als eine Abbildung aus $M$ in $M$ aufgefaßt werden kann, läßt sich zur Veranschaulichung von $R$ genauso wie bei Abbildungen der *Graph* einer Relation zeichnen, wie in Abb. 11 wieder für die Relation „ist Teiler von" in der Menge $M = \{1, 2, 3, 4, 5, 6\}$ ausgeführt. Ebenso gelangt man zu einem *Pfeildiagramm* der Relation; allerdings ist es üblich, für Relationen in $M$ nicht zwei Exemplare des $M$ entsprechenden Gebietes der Ebene zu zeichnen, sondern nur eines, wie in Abb. 12 wieder für obige Relation zu sehen ist. Für alle $x$ mit $xRx$ müßte man dann einen Pfeil von $P_x$ nach $P_x$ zeichnen, was ein kleiner „Ringpfeil" um $P_x$ andeutet. Offenbar hängt es von der Relation und vom verfolgten Zweck ab, welche Darstellung zu ihrer Veranschaulichung bevorzugt wird; in unserem Beispiel liefert gewiß das Pfeildiagramm die anschaulichere Vorstellung von der Relation. Hingegen haben die oben angeführten Relationen $R_0$ (Nullrelation), $R_a$ (Allrelation) und $R_i$ (Identität in $M$) besonders übersichtliche Graphen. Wie sehen diese aus? Beispielsweise verdeutlicht der Graph von $R_i$, weshalb diese Relation auch „Diagonale von $M$" genannt wird.

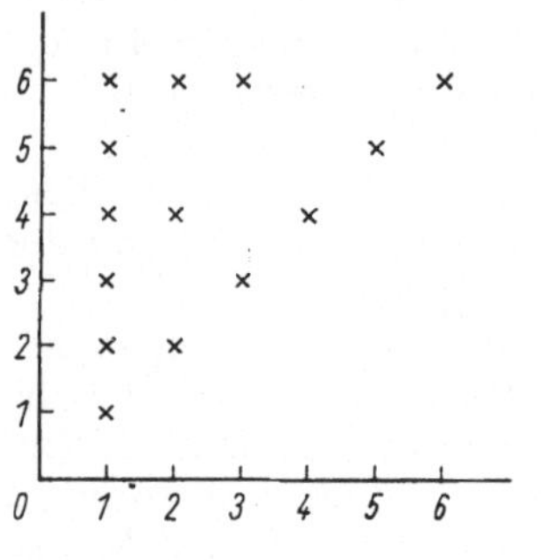

Abb. 11           Abb. 12

In unseren Ausführungen verstanden wir unter Relationen immer Mengen geordneter Paare $(x, y)$ mit $x, y \in M$ für eine Relation in $M$, bzw. mit $x \in A$, $y \in B$ für eine Relation zwischen $A$ und $B$. Will man aber z. B. die *Zwischen-Relation* („die reelle Zahl $x$ liegt zwischen den reellen Zahlen $y$ und $z$") dieser mengentheoretischen Betrachtungsweise unterordnen, so muß man – eingedenk der drei Variablen $x$, $y$, $z$ – zu geordneten Tripeln $(x, y, z)$, also zu Teilmengen des dreifachen kartesischen Produktes $M \times M \times M$, übergehen. Man nennt solche Relationen dann *dreistellige Relationen*. Allgemein versteht man unter einer *k-stelligen Relation* in $M$ eine Teilmenge des $k$-fachen kartesischen Produktes $M \times M \times \ldots \times M$. Unter diesem Blickwinkel betrachten wir in diesem Kapitel nur zweistellige oder *binäre* Relationen. Selbstverständlich müssen auch die Faktoren des o. g. $k$-fachen kartesischen Produktes nicht sämtlich gleich $M$ sein. Die Aufgabe dieser Beschränkung führt in weiterer Verallgemeinerung dann zum Begriff der $k$-stelligen Relation in $M_1 \times M_2 \times \ldots \times M_k$. Gilt $(x_1, x_2, \ldots, x_k) \in R$, so sagt man, die $k$-stellige Relation $R$ trifft auf das $k$-Tupel $(x_1, x_2, \ldots, x_k)$ zu.

## Max und Moritz sind Brüder

**2.2. Eigenschaften von Relationen: Dieses Kapitel behandelt Eigenschaften von Relationen wie z. B. Reflexivität, Symmetrie, Transitivität; es wird gefragt, ob einige dieser Eigenschaften andere nach sich ziehen.**

Die Tatsache, daß Max Bruder von Moritz ist, haben wir durch „Max und Moritz sind Brüder" ausgedrückt. In dieser Formulierung steckt aber bereits eine weitere Information über die Relation „ist Bruder von". Das erkennt man am besten beim Versuch, von der Aussage „4 ist Teiler von 256" überzugehen zur Formulierung „4 und 256 sind Teiler". Letztere kann, je nachdem, welches Verhältnis man zur deutschen Sprache hat, unsinnig oder falsch sein. Der Versuch der Umformulierung muß offenbar deshalb mißglücken, weil es in diesem Beispiel auf die Reihenfolge der Elemente 4 und 256 ankommt, wohingegen im ersten Beispiel die Reihenfolge keine Rolle spielt: Wenn Max Bruder von Moritz ist, so ist Moritz auch Bruder von Max. Relationen mit dieser Eigenschaft heißen *symmetrisch*. Dabei wird die Menge $M$ stillschweigend als nichtleer vorausgesetzt.

> **Definition 2.3:** Eine Relation $R$ in $M$ heißt *symmetrisch* genau dann, wenn für alle $x, y \in M$, für die $xRy$ gilt, auch $yRx$ ist; anders ausgedrückt: mit $xRy$ gilt stets auch $yRx$.

*Beispiele*: (1) Die Relation „ist parallel zu" in der Menge der Geraden einer Ebene ist symmetrisch, denn wenn $g \parallel h$, so auch $h \parallel g$. Also können wir auch sagen, daß die beiden Geraden $g$ und $h$ *zueinander parallel* sind.

(2) Die Relation „läßt bei Division durch 3 denselben Rest" ist symmetrisch, denn $a \equiv b \bmod 3$ bedeutet $a = b + 3g$, $g$ ganz, woraus sofort $b = a + 3(-g)$, also $b \equiv a \bmod 3$ folgt, denn mit $g$ ist auch $(-g)$ ganz.

4*

(3) Die Relation „ist verliebt in“, betrachtet auf einer genügend großen Menge von Menschen, ist ersichtlich nicht symmetrisch, da $xRy$ nicht *stets* $yRx$ nach sich zieht; gerade dies ist die Ursache von Liebeskummer.

(4) Die in einer Menge von Aussagen definierte Relation „aus ... folgt“, sprachlich anders formuliert durch „wenn ... so“, die wir im folgenden stets *Implikation* nennen wollen, ist nicht symmetrisch, was man bereits durch Angabe eines Gegenbeispiels erkennt: Die Aussage „$ABCD$ ist Quadrat $\Rightarrow$ die Diagonalen von $ABCD$ halbieren einander“ ist richtig. Falsch hingegen ist die Umkehrung „Die Diagonalen von $ABCD$ halbieren einander $\Rightarrow$ $ABCD$ ist Quadrat“, denn auch im Rechteck halbieren sich die Diagonalen.

Dieses Beispiel lenkt unsere Aufmerksamkeit noch einmal auf jene Stelle in der Definition der Symmetrie, in der es heißt, daß mit $xRy$ *stets* auch $yRx$ gelten soll. Ist diese Forderung auch nur einmal verletzt, so ist $R$ nicht symmetrisch. Diese Bemerkung ist im Zusammenhang mit der Implikation wichtig, da wir natürlich auch genügend viele Beispiele für zwei bezüglich der Implikation vertauschbare Aussagen hätten finden können, etwa „Die ganze Zahl $g$ ist durch 3 teilbar $\Rightarrow$ die Quersumme von $g$ ist durch 3 teilbar“, wovon auch die Umkehrung richtig ist. In diesen Fällen schreibt man statt „$\Rightarrow$“ den Doppelpfeil „$\Leftrightarrow$“, den man „ist logisch äquivalent“ oder „genau dann, wenn“ oder „dann und nur dann“ liest. Die logische *Äquivalenz* ist daher eine symmetrische Relation, und wir können – auf obiges Beispiel zurückkommend – sagen: „Die Teilbarkeit einer Zahl durch 3 ist äquivalent zur Teilbarkeit ihrer Quersumme durch 3“. Offenbar ist es für die Handhabung eines mathematischen Satzes sehr wichtig zu wissen, ob er die logische Struktur einer Implikation oder einer Äquivalenz hat.

(5) Während sich die Implikation als eine *nicht symmetrische* Relation erwies, d. h. als eine solche, bei der es sowohl Paare $(x, y)$ gibt, für die mit $xRy$ auch $yRx$ gilt, als auch solche, für die wohl $xRy$, nicht aber $yRx$ erfüllt ist, liefert „ist kleiner als“ ein Beispiel für eine sogenannte *asymmetrische* Relation, bei der nie gleichzeitig $xRy$ und $yRx$ erfüllt sind. Geht man von der Relation „$<$“ über zur Relation „$\leq$“, so gibt es Elementepaare $(x, y)$, für die sowohl $x \leq y$ als auch $y \leq x$ gilt, nämlich genau jene Paare mit $x = y$. Eine Relation $R$ mit der Eigenschaft, daß aus $xRy$ und $yRx$ stets $x = y$ folgt, heißt *antisymmetrisch*, wofür die Relation „ist Teiler von“ in der Menge

der natürlichen Zahlen ein weiteres Beispiel liefert. Der Leser überlege, wie man die Symmetrie einer Relation an ihrem Graph bzw. Pfeildiagramm erkennt!

In unseren einführenden Beispielen kam auch die Formulierung „Abraham Gotthelf, Erich und Herbert haben denselben Familiennamen" vor, die – das wissen wir nun schon – nur korrekt sein kann, wenn die Relation „hat denselben Familiennamen wie" symmetrisch ist. Dies ist in der Tat der Fall. Aber da hier mehr als zwei Elementen ein gemeinsames Merkmal zugesprochen wird, spielt noch eine weitere Eigenschaft der Relation eine Rolle. Betrachten wir die ebenfalls symmetrische Relation „ist höchstens 100 km entfernt von". Obwohl nun die Aussagen „Gotha ist höchstens 100 km entfernt von Erfurt" und „Erfurt ist höchstens 100 km entfernt von Merseburg" beide richtig sind, kann man nicht sagen „Erfurt, Gotha und Merseburg sind höchstens 100 km voneinander entfernt", denn die Entfernung Gotha–Merseburg ist größer als 100 km. Die hier betrachtete Relation $R$ hat nicht die „Übertragbarkeitseigenschaft", auch *Transitivität* genannt: Wenn $xRy$ und $yRz$, so auch $xRz$.

---

**Definition 2.4:** Eine Relation $R$ in $M$ heißt *transitiv* genau dann, wenn für alle $x, y, z \in M$, für die $xRy$ und $yRz$ gilt, auch $xRz$ ist; anders ausgedrückt: $xRy$ und $yRz$ haben stets $xRz$ zur Folge.

---

*Beispiele*: (1) Die Relation „ist kleiner als" in G ist transitiv, denn aus $x < y$ und $y < z$ folgt sofort $x < z$. Dies ist mithin ein Beispiel für eine asymmetrische, aber transitive Relation.

(2) Die Relation „ist Teiler von" in N ist transitiv. Gilt nämlich $a \mid b$ und $b \mid c$, so gibt es laut Definition der Teilbarkeitsrelation natürliche Zahlen $s$ und $t$ mit $b = sa$ und $c = tb$, woraus $c = t(sa) = (ts)\,a$ folgt. Da $ts$ als Produkt natürlicher Zahlen selbst natürlich ist, entnimmt man daraus $a \mid c$. Diese Relation liefert also ein Beispiel für eine antisymmetrische und transitive Relation.

(3) Ein wichtiges Beispiel für eine nicht symmetrische, aber transitive Relation ist die Implikation. Auf der Transitivität dieser Relation beruht ja wesentlich das mathematische Schließen.

(4) Die symmetrische Relation „läßt bei Division durch 3 denselben Rest" ist auch transitiv: Aus $a \equiv b \bmod 3$ und

$b \equiv c \bmod 3$, d. h. $a = b + 3g$ und $b = c + 3h$, $g$, $h$ ganz, folgt $a = (c + 3h) + 3g = c + 3(h + g)$, also $a \equiv c \bmod 3$, da mit $g$ und $h$ auch $h + g$ eine ganze Zahl ist.

(5) Die Relation „ist senkrecht zu" in der Menge der Geraden einer Ebene ist symmetrisch, wie man sofort erkennt, aber nicht transitiv (vgl. dazu Abb. 13).

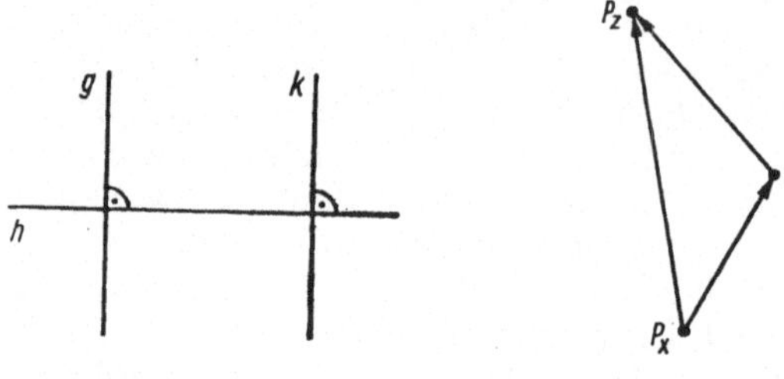

Abb. 13                          Abb. 14

(6) Beispiele für Relationen, die weder symmetrisch noch transitiv sind, findet man etwa in der Relation „ist erste Ableitung von" in der Menge der beliebig oft differenzierbaren Funktionen oder in der Relation „ist Onkel von", ganz zu schweigen von der Relation „ist verliebt in".
Das Pfeildiagramm einer Relation spiegelt die Transitivität sehr augenfällig wider: Mit je zwei „hintereinandergekoppelten" Pfeilen von $P_x$ nach $P_y$ und von $P_y$ nach $P_z$ gehört auch der „Überbrückungspfeil" von $P_x$ nach $P_z$ zum Diagramm (vgl. Abb. 14). Daher kann man zur Vereinfachung des Pfeildiagramms einer transitiven Relation vereinbaren, den Pfeil von $P_x$ nach $P_z$ dann wegzulassen, wenn das Diagramm bereits zwei Pfeile (von $P_x$ nach $P_y$ und von $P_y$ nach $P_z$) enthält, als deren Überbrückungspfeil der Pfeil von $P_x$ nach $P_z$ erscheinen würde. Das in Abb. 12 gezeichnete Pfeildiagramm für die transitive Relation „ist Teiler von" in $M = \{1, 2, 3, 4, 5, 6\}$ vereinfacht sich nach dieser Konvention etwa zu dem in Abb. 15 dargestellten Diagramm.
Die Abb. 16 illustriert, wie man am Graph der Relation $R$ ihre Transitivität erkennt: Gehören von den vier Punkten eines achsenparallelen Rechtecks einer zur Diagonalen, die beiden ihm benachbarten zum Graph von $R$, so muß stets auch die vierte Ecke zum Graph von $R$ gehören. Der Leser wird an Hand der Abb. 16 leicht die Begründung dafür finden.

In der Mathematik pflegt man Relationen häufig dazu zu benutzen, die Elemente einer Menge $M$ in Klassen gleichwertiger Elemente einzuteilen (vgl. Abschnitt 2.3.). So werden z. B. in der euklidischen Geometrie kongruente Figuren nicht unterschieden, sondern als „gleichwertig" betrachtet; ebenso bei der Konstruktion des Bereiches der gebrochenen Zahlen jene

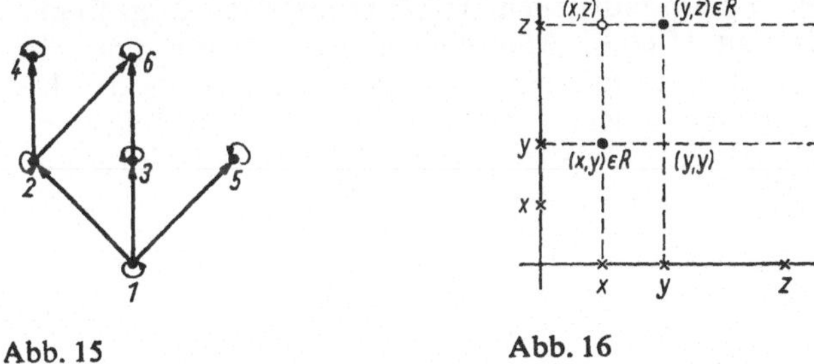

Abb. 15           Abb. 16

Brüche, die durch Kürzen bzw. Erweitern auseinander hervorgehen. Natürlich umfaßt eine solche Gleichwertigkeitsrelation die übliche Gleichheit, d. h., jedes Element der Menge $M$ ist sich selbst gleichwertig. Eine Relation $R$ in $M$, die als Gleichwertigkeitsrelation zu gebrauchen sein soll, muß demzufolge die Eigenschaft $xRx$ für alle $x \in M$ besitzen. Diese Eigenschaft heißt *Reflexivität*.

---

**Definition 2.5:** Eine Relation $R$ in $M$ heißt *reflexiv* genau dann, wenn $xRx$ für alle $x \in M$ gilt. Ist hingegen $xRx$ für kein $x \in M$ erfüllt, heißt $R$ *irreflexiv*.

---

Man erkennt sofort die Relationen „ist Teiler von", „ist höchstens 100 km entfernt von", „hat ebensoviele Teiler wie", „läßt bei Division durch 3 denselben Rest wie", „ist quotientengleich zu", „ist parallel zu" sowie die Implikation als reflexiv. Irreflexiv sind hingegen die Relationen „ist leichter als", „steht im Alphabet vor", „ist kleiner als", „ist senkrecht zu". Die Relation $R = \{(x, y) \mid x \cdot y \text{ ungerade}\}$ in der Menge der natürlichen Zahlen ist nicht reflexiv, denn $xRx$ gilt offenbar nur für ungerades $x$. Dieses Beispiel zeigt außerdem, daß „irreflexiv" von „nicht reflexiv" wohl zu unterscheiden ist. Ebenso ist die Relation „ist verliebt in" nicht reflexiv, aber auch nicht irreflexiv, denn $xRx$ gilt zwar im allgemeinen nicht, ist aber richtig z. B. für $x = $ Narziß[1]).

Dem Graph einer reflexiven Relation gehören alle Punkte $(x, x)$ der Diagonalen an, und umgekehrt ist ein Graph mit dieser Eigenschaft Graph einer reflexiven Relation.

Für das Pfeildiagramm hatten wir schon vereinbart, die Gültigkeit von $xRx$ durch einen kleinen Ringpfeil um den $x$ zugeordneten Punkt $P_x$ auszudrücken. Ist $R$ reflexiv, so trägt folglich jeder Punkt von $M$ einen Ringpfeil, und man kann durch verabredungsgemäßes Weglassen aller dieser Ringpfeile das Diagramm weiter vereinfachen. Für die Relation „ist Teiler von" in $M = \{1, 2, 3, 4, 5, 6\}$ gelangt man dadurch vom Diagramm der Abb. 15 zum Diagramm der Abb. 17.

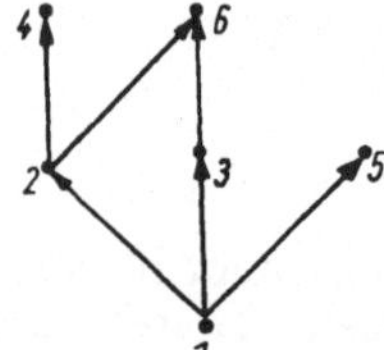


Abb. 17

Wir wollen nun untersuchen, ob die bisher betrachteten Eigenschaften von Relationen voneinander unabhängig sind oder ob aus gewissen dieser Eigenschaften andere mit Notwendigkeit folgen.

Zunächst erweisen sich die drei „Grundeigenschaften" reflexiv, symmetrisch und transitiv als voneinander unabhängig, denn aus je zwei dieser Eigenschaften muß nicht notwendig die dritte folgen. Der Leser wird unschwer unter unseren Beispielen Relationen finden, die

- reflexiv und symmetrisch, aber nicht transitiv;
- reflexiv und transitiv, aber nicht symmetrisch;
- symmetrisch und transitiv, aber nicht reflexiv sind.

Es ist hier auch lohnend, sich das logische Gerüst des Beweises etwas genauer zu betrachten: Um die Behauptung $A$ (Unabhängigkeit der drei Grundeigenschaften) zu beweisen, zeigen wir, daß die Aussage „nicht $A$" falsch ist. Dieser indirekte

---

[1]) *Narziß*: in der griech. Sage ein schöner Jüngling, der, weil er die Liebe der Nymphe Echo verschmähte, damit bestraft wurde, sich in sein eigenes Spiegelbild zu verlieben.

Beweis wird geführt, indem man zu jedem der möglichen Fälle von Abhängigkeit der drei Eigenschaften ein Gegenbeispiel angibt.

Hingegen können andere Eigenschaften einer Relation durchaus voneinander abhängig sein, wie die folgenden Sätze zeigen.

---

**Satz 2.1:** Für eine beliebige Relation $R$ in $M$ gilt:
(1) $R$ asymmetrisch $\Rightarrow$ $R$ irreflexiv;
(2) $R$ irreflexiv und $R$ transitiv $\Rightarrow$ $R$ asymmetrisch.

---

*Beweis*: (1) Da $R$ asymmetrisch, gelten $xRy$ und $yRx$ nie gleichzeitig, also auch nicht für $x = y$, d. h. aber, $xRx$ ist für kein $x \in M$ erfüllt. Mithin ist $R$ irreflexiv.
(2) Für die behauptete Asymmetrie von $R$ ist zu zeigen, daß $xRy$ und $yRx$ nie gleichzeitig eintreten. Den Beweis führen wir indirekt, indem wir die Annahme, es gäbe doch mindestens ein Paar $(x_0, y_0)$, für das sowohl $x_0Ry_0$ als auch $y_0Rx_0$ zutrifft, zum Widerspruch zu einer der Voraussetzungen führen. Aus der Annahme der gleichzeitigen Gültigkeit von $x_0Ry_0$ und $y_0Rx_0$ folgt jedoch wegen der vorausgesetzten Transitivität $x_0Rx_0$, und dies ist ein Widerspruch zur vorausgesetzten Irreflexivität, nach der $xRx$ für kein Element von $M$ eintritt. Also ist unsere Annahme falsch, und ihr Gegenteil, die Behauptung, ist wahr. w. z. b. w.

In der Mathematik schließt man häufig mit Hilfe des Satzes von der *Drittengleichheit*: „Sind zwei Größen einer dritten gleich, so sind sie auch untereinander gleich." Wir fragen: Bei Gültigkeit welcher Eigenschaften für eine Relation $R$ kann man dieses Schlußverfahren auch auf $R$ anwenden?

---

**Satz 2.2:** Für eine symmetrische und transitive Relation $R$ in $M$ gilt:
Aus $xRz$ und $yRz$ folgt stets $xRy$ (Drittengleichheit).

---

*Beweis*: Es seien $x, y, z$ beliebige Elemente von $M$ mit $xRz$ und $yRz$. Wegen der Symmetrie von $R$ kann man von ($xRz$ und $yRz$) übergehen zu ($xRz$ und $zRy$), woraus wegen der Transitivität von $R$ sofort $xRy$ folgt. w. z. b. w.
Umgekehrt folgen, allerdings nur für reflexive Relationen, aus der Drittengleichheit auch Symmetrie und Transitivität. Das sieht man so: Vorausgesetzt ist: ($xRz$ und $yRz$) $\Rightarrow xRy$.

Für $z = x$ erhält man daraus $(xRx$ und $yRx) \Rightarrow xRy$. Da wegen der vorausgesetzten Reflexivität $xRx$ für alle $x \in M$ gilt, vereinfacht sich die Implikation zu $yRx \Rightarrow xRy$, d. h. aber, $R$ ist symmetrisch. $R$ ist auch transitiv, denn aus $(xRy$ und $yRz)$ folgt wegen der eben gezeigten Symmetrie $(xRy$ und $zRy)$ und daraus mit der vorausgesetzten Drittengleichheit $xRz$.

Schließlich lohnt es sich noch, der offensichtlichen „Verwandtschaft" der Relationen „ist kleiner als", „ist nicht kleiner als", „ist größer als" bzw. der Relationen „$=$" und „$\neq$" bzw. der Relationen „ist Teiler von" und „ist Vielfaches von" etwas nachzugehen.

Veranschaulichen wir uns in der Menge $M = \{1, 2, 3, 4, 5, 6\}$ die Relationen

$$R_1 = \{(x, y) \mid x \text{ kleiner als } y\} = \{(x, y) \mid x < y\},$$

$$R_2 = \{(x, y) \mid x \text{ nicht kleiner als } y\} = \{(x, y) \mid x \geqq y\},$$

$$R_3 = \{(x, y) \mid x \text{ größer als } y\} = \{(x, y) \mid x > y\}$$

durch ihre Graphen (vgl. Abb. 18). Wir stellen fest, daß von den 36 Elementen aus $M \times M$ genau diejenigen zu $R_2$ gehören, die nicht zu $R_1$ gehören, und umgekehrt genau diejenigen zu $R_1$, die nicht zu $R_2$ gehören, was ja auch bereits der verbalen Formulierung der Relationen entnommen werden kann. Vom Standpunkt der Mengenlehre ist $R_2$ also die Komplementärmenge von $R_1$ bezüglich der Grundmenge $M \times M$ (vgl. Kapitel 1). In Analogie zu dieser Bezeichnung nennt man die zu einer Relation $R$ (in $M$) gehörende Relation $\bar{R}$ mit $\bar{R} = \{(x, y) \mid (x, y) \in M \times M \text{ und } (x, y) \notin R\}$ die *Komplementärrelation* von $R$. Aus dieser Definition folgt sofort, daß die komplementäre Relation der Komplementärrelation von $R$ wieder $R$ selbst ist; in Zeichen: $(\overline{\bar{R}}) = R$. Die Abbildung, die jeder Relation ihre Komplementärrelation zuordnet, ist mithin involutorisch, und man kann $R$ und $\bar{R}$ *zueinander komplementär* nennen. In diesem Sinne sind auch die Relationen „$=$" in P und „$\neq$" in P zueinander komplementäre Relationen.

In Abb. 19 sind die Graphen von $R_1$ und $R_3$ in dasselbe Koordinatensystem eingetragen; die zu $R_1$ gehörenden Punkte sind durch Kreuze, die zu $R_3$ gehörenden Punkte durch kleine Kreise markiert. Man sieht, daß die Graphen von $R_1$ und $R_3$ bezüglich der Diagonale symmetrisch zueinander liegen: Der Punkt $(x, y)$ gehört zum Graph von $R_3$ genau dann, wenn der

Punkt $(y, x)$ zum Graph von $R_1$ gehört. Sehen wir die Relationen in $M$ als Abbildungen aus $M$ in $M$ an, so ist $R_3$ gerade die zu $R_1$ inverse Abbildung, und umgekehrt. Wir können demnach den Begriff der *zu einer Relation R in M inversen Relation $R^{-1}$ in M* einführen durch die Definition:

$$R^{-1} = \{(x, y) \mid (x, y) \in M \times M \text{ und } (y, x) \in R\}.$$

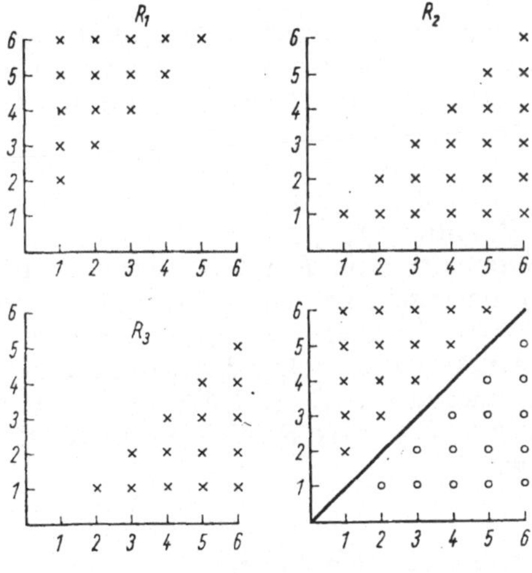

Abb. 18 ($R_1$, $R_2$, $R_3$)    Abb. 19

Wie bei Abbildungen gilt natürlich auch hier $(R^{-1})^{-1} = R$; folglich können $R$ und $R^{-1}$ als *zueinander invers* bezeichnet werden.

Ein weiteres Beispiel zweier zueinander inverser Relationen findet man in „ist Teiler von" und „ist Vielfaches von"; denn $x \mid y$ bedeutet $y = gx$, $g$ ganz, d. h. aber, $y$ ist Vielfaches von $x$, und umgekehrt.

Die Beantwortung der interessanten Frage nach Relationen $R$ mit der Eigenschaft $R = R^{-1}$ überlassen wir dem Leser; es ergibt sich eine von uns schon studierte Klasse von Relationen, die sich folglich auch durch $R = R^{-1}$ charakterisieren läßt.

Wir überlegen zum Schluß noch, welche Eigenschaften einer Relation $R$ sich auf $R^{-1}$ bzw. auf $\bar{R}$ übertragen.

---

**Satz 2.3:**

(1) Jede der Eigenschaften Reflexivität, Irreflexivität, Symmetrie, Asymmetrie, Antisymmetrie, Transitivität überträgt sich von $R$ auf $R^{-1}$.

(2) Beim Übergang von $R$ zu $\bar{R}$ überträgt sich die Symmetrie, während Reflexivität in Irreflexivität übergeht und umgekehrt.

---

*Beweis*: In der Behauptung sind 9 Einzelaussagen zusammengefaßt (welche?). Die Beweise verlaufen alle nach demselben Schema, so daß wir uns hier mit einem Muster begnügen. Die restlichen betrachte der Leser als Übung.

Es sei $R$ transitiv, und wir zeigen die Transitivität von $R^{-1}$: Sind $(x, y)$, $(y, z) \in R^{-1}$, so sind $(y, x)$, $(z, y) \in R$. Da $R$ transitiv, folgt daraus $(z, x) \in R$, mithin $(x, z) \in R^{-1}$. w. z. b. w.

Die Übertragung der Symmetrie von $R$ auf $\bar{R}$ zeigen wir indirekt. Wäre $\bar{R}$ nicht symmetrisch, so gäbe es mindestens ein Paar $(x_0, y_0)$ mit $(x_0, y_0) \in \bar{R}$, aber $(y_0, x_0) \notin \bar{R}$. Aus der Definition der Komplementärrelation folgt, daß dann $(y_0, x_0) \in R$, aber wegen der Symmetrie von $R$ zieht dies $(x_0, y_0) \in R$ nach sich, im Widerspruch zu $(x_0, y_0) \in \bar{R}$. Also ist mit $R$ auch $\bar{R}$ symmetrisch. w. z. b. w.

## Gleich und gleich gesellt sich gern

**2.3. Äquivalenzrelationen: Der Leser lernt den für die Mathematik fundamentalen Begriff einer Äquivalenzrelation in $M$ und ihren Zusammenhang mit den Zerlegungen von $M$ kennen.**

„Gleich und gleich gesellt sich gern", pflegte Tante Herma mißbilligend zu sagen, wenn Rowdy Mike seinen Rowdy-Kumpel Freddy zu den allabendlichen Streichen abholte. Dabei waren Mike und Freddy alles andere als gleich; Mike war klein und rothaarig, Freddy aber ein schwarzlockiger Athlet und zwei Jahre jünger als Mike. Uns ist natürlich klar, daß die Tante ihre Rede ganz anders meinte. Wenn jemand dieses Sprichwort gebraucht, verwendet er das Wort „gleich" nicht im Sinne der absoluten Identität, nach der ein Ding nur sich selbst gleich ist, sondern in dem erweiterten Sinn von „Gleichwertigkeit", von „Gleichheit in bezug auf ein bestimmtes Merkmal bzw. mehrere bestimmte Merkmale". Zwei Dinge, die sich in bezug auf ein Merkmal gleichen, sonst aber durchaus verschieden sein können, nennt man häufig *äquivalent* in bezug auf dieses Merkmal.

Bei der Ausgabe der Lehrbücher für das neue Schuljahr werden alle Schüler als „gleich" angesehen, die zur selben Klassenstufe gehören, denn sie erhalten die gleichen Bücher. In diesem Sinne gibt es nur 10 bzw. 12 verschiedene Schülergruppen.

Zur Festigung des Begriffs „Farbe" erhalten die Kinder im Kindergarten die Aufgabe, verschiedene Gegenstände nach ihrer Farbe zu sortieren. Dabei müssen sie lernen, beispielsweise von Form, Funktion, Material des Gegenstandes völlig abzusehen und nur seine Farbe als Klassifikationsmerkmal zu verwenden. Damit wird die Menge der zu sortierenden Gegenstände in Klassen gleichfarbiger Objekte zerlegt (vgl. Abschnitt 1.7.). Natürlich kann ein anderes Klassifikationsprinzip eine völlig andere Zerlegung derselben Grundmenge hervorrufen. Hat man z. B. kleine Holzstäbchen verschiedener Farbe, Länge und Querschnittsform, so fällt es den Kindern anfangs noch schwer, von einer Klassenzerlegung zu einer anderen überzugehen. Um eine solche Zerlegung vornehmen zu können, muß das Kind die Fähigkeit besitzen, für je zwei dieser Objekte zu prüfen, ob sie in der Relation „sind gleich in bezug auf das betrachtete Merkmal" stehen oder nicht.

Offenbar besteht ein enger Zusammenhang zwischen den Zerlegungen einer Menge $M$ und den „Klassifikationsprinzipien", die solche Zerlegungen hervorrufen. Das Beispiel der Relation „ist höchstens 1 cm größer als" in einer Menge von Holzstäbchen zeigt aber, daß nicht jede Relation als Klassifikationsprinzip verwendbar ist. Die Abb. 20 zeigt, daß bezüglich dieser

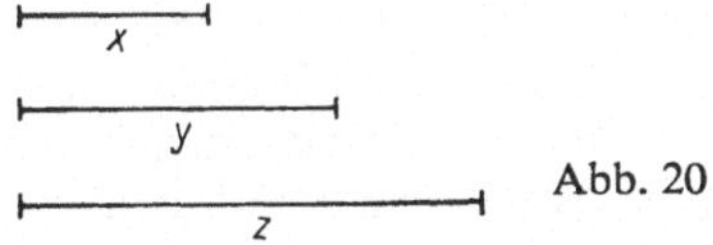


Abb. 20

Relation wohl $x$ und $y$ wie auch $y$ und $z$ in gleichen Klassen liegen, nicht aber $x$ und $z$; d. h., die Klassen $K_x$ und $K_z$ sind weder identisch (da $x \in K_x$, aber $x \notin K_z$) noch elementfremd (da $y \in K_x \cap K_z$). Das veranlaßt uns, die bereits am Schluß des Abschnittes 1.7. gestellte Frage aufzugreifen, welche Eigenschaften eine Relation $R$ in $M$ haben muß, damit sie eine Zerlegung von $M$ hervorruft. Dazu betrachten wir irgendeine Zerlegung $\mathfrak{Z}$ einer Menge $M$ und die Relation $R$ in $M$ mit $xRy$ genau dann, wenn $x$ in derselben Klasse der Zerlegung wie $y$ liegt. Offenbar ist $R$ reflexiv, denn zunächst liegt jedes $x \in M$ in mindestens einer Zerlegungsklasse und dann – trivialerweise – in derselben Klasse wie $x$. Liegt $x$ in derselben Zerlegungsklasse wie $y$, so liegt $y$ auch in derselben Klasse wie $x$, d. h., mit $xRy$ gilt auch $yRx$. Folglich ist $R$ symmetrisch. Schließlich ist $R$ auch transitiv, denn liegt $x$ in derselben Klasse wie $y$ und $y$ in derselben Klasse wie $z$, so müssen auch $x$ und $z$ in dieser Klasse liegen. Dabei haben wir wesentlich von der Disjunktheit der Klassen Gebrauch gemacht; andernfalls wäre ja auch der in Abb. 21 skizzierte Fall möglich gewesen, der den Schluß auf „$x$ in derselben Klasse wie $z$" nicht gestattet.

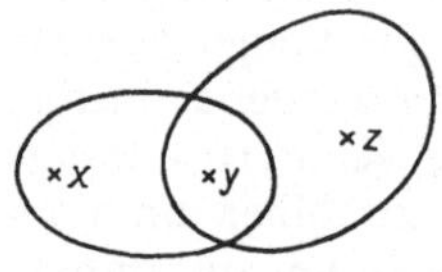


Abb. 21

Unsere Überlegung hat gezeigt, daß jede Zerlegung von $M$ zur Definition einer reflexiven, symmetrischen und transitiven Relation $R$ in $M$ Anlaß gibt. Bevor wir zeigen, daß auch umgekehrt jede solche Relation in $M$ eine Zerlegung von $M$ bewirkt, geben wir den Relationen mit diesen Eigenschaften einen Namen.

---

**Definition 2.6:** Eine Relation $R$ in einer Menge $M$ heißt *Äquivalenzrelation* in $M$ genau dann, wenn sie reflexiv und symmetrisch und transitiv ist.

---

Wir wenden uns nun dem Hauptsatz über Äquivalenzrelationen zu, der den Zusammenhang zwischen Zerlegungen einer Menge $M$ und in $M$ definierten Äquivalenzrelationen beschreibt.

---

**Satz 2.4:**
(1) Jede Äquivalenzrelation $R$ in $M$ bewirkt eine Zerlegung von $M$.
(2) Jede Zerlegung $\mathfrak{Z}$ von $M$ kann durch eine Äquivalenzrelation in $M$ erzeugt werden.

Bevor wir uns dem Beweis dieses Satzes zuwenden, wollen wir das Zusammenspiel zwischen Äquivalenzrelation und Zerlegung an Hand eines Beispiels illustrieren: Es seien $M = N$ die Menge der natürlichen Zahlen und die Relation $R$ in $N$ definiert durch: $xRy$ genau dann, wenn sich $x$ und $y$ *höchstens* in der letzten Ziffer unterscheiden. $R$ ist eine Äquivalenzrelation, wie man sofort durch Überprüfen der drei Eigenschaften Reflexivität, Symmetrie und Transitivität erkennt. Um zu sehen, in welche Klassen $N$ bezüglich $R$ zerfällt, bestimmen wir zu jedem $x \in N$ die Menge $K_x$ aller natürlichen Zahlen, die mit $x$ in der Relation $R$ stehen. Nehmen wir beispielsweise $x = 561$, so besteht $K_{561}$ aus allen denjenigen natürlichen Zahlen, die sich von 561 höchstens in der letzten Ziffer unterscheiden, d. h. $K_{561} = \{560, 561, 562, ..., 569\}$. Man erkennt an diesem Zahlenbeispiel sofort, daß die Äquivalenzrelation $R$ eine Klasseneinteilung von $N$ in „Zehnerbündel" erzeugt. Es ist auch klar, daß dies eine Zerlegung von $N$ im Sinne von Abschnitt 1.7. ist, denn wegen $x \in K_x$ gehört jede natürliche Zahl $x$ einer Klasse an, und aus demselben Grunde ist keine der Klassen leer. Also hat man nur noch zu überlegen, daß zwei Klassen $K_x$ und $K_y$ nur identisch oder disjunkt sein können. Der erste Fall tritt gewiß dann ein, wenn sich $x$ und $y$ nur in der letzten Ziffer unterscheiden; z. B. ist offenbar $K_{561} = K_{568}$. Nehmen wir an, $K_x$ und $K_y$ wären nicht disjunkt, hätten also mindestens ein Element $z$ gemeinsam. Dann würde sich sowohl $z$ von $x$ als auch $z$ von $y$ höchstens in der letzten Stelle unterscheiden, d. h. $xRz$ und $yRz$. Weil $R$ eine Äquivalenzrelation ist, folgt hieraus $xRy$, d. h., auch $x$ und $y$ unterscheiden sich höchstens in der letzten Stelle. Also ist $K_x = K_y$, was man hier wegen der Einfachheit der betrachteten Relation sofort sieht, im allgemeinen aber beweisen muß. Wir haben somit gezeigt, daß nicht-disjunkte Klassen identisch sind, folglich nichtidentische Klassen disjunkt sein müssen.

Also hat uns die Äquivalenzrelation $R$ tatsächlich zu einer Klassenzerlegung von $N$ geführt.

Gehen wir umgekehrt von einer Zerlegung von $N$, etwa jener in „Zehnerbündel", aus und definieren eine Relation $R$ in $N$ durch

$xRy$ genau dann, wenn $x$ und $y$ in derselben Zerlegungsklasse (d. h. im selben Zehnerbündel) liegen,

so erkennen wir $R$ als Äquivalenzrelation. Nun können wir uns durch $R$ wieder zu einer Zerlegung von $N$ führen lassen, wie oben erläutert, und in unserem Beispiel sind wir sicher, dadurch wieder die Ausgangszerlegung von N zu erhalten. Nach diesen Vorbereitungen wird es nun nicht schwer sein, dem Beweis von S(2.4) zu folgen.

*Beweis von* (1): Wir bestimmen zu jedem $x \in M$ die Menge $K_x$ aller Elemente $y \in M$, die in der Relation $R$ zu $x$ stehen, genauer $K_x = \{y \mid y \in M$ und $xRy\}$, und nennen sie – etwas voreilig – die durch $x$ bestimmte Klasse. Natürlich vermuten wir, daß die Gesamtheit aller dieser Klassen eine Zerlegung von $M$ bildet. Zum Beweis prüfen wir die drei Eigenschaften einer Zerlegung (vgl. Abschnitt 1.7.), immer unter der Voraussetzung, daß $R$ Äquivalenzrelation in $M$ ist.

(a) Jedes $x \in M$ gehört zu einer der Klassen: Da $R$ als Äquivalenzrelation insbesondere reflexiv ist, gilt $xRx$ für alle $x \in M$, d. h., $x \in K_x$ für jedes $x \in M$.

(b) Zwei verschiedene Klassen sind disjunkt: Wir zeigen dazu, daß zwei Klassen, die nicht disjunkt sind, identisch sein müssen.

*1. Schritt*: Sind $K_x$ und $K_y$ nicht disjunkt, so gibt es mindestens ein Element $u \in K_x \cap K_y$. Dann gilt $u \in K_x$ und $u \in K_y$, also nach Definition der Klassen $xRu$ und $yRu$. Wegen der Symmetrie von $R$ kann man aus ($xRu$ und $yRu$) auf ($xRu$ und $uRy$) schließen, und mit der Transitivität von $R$ folgt daraus sofort $xRy$. Ergebnis: Sind $K_x$ und $K_y$ nicht disjunkt, so gilt $xRy$.

*2. Schritt*: Um nun $K_x = K_y$ zu zeigen, weisen wir nach, daß jedes Element $x'$ von $K_x$ auch ein Element von $K_y$ und umgekehrt jedes Element $y'$ von $K_y$ auch Element von $K_x$ ist.

Es sei zunächst $x' \in K_x$, d. h., $xRx'$. Nach dem 1. Schritt gilt $xRy$ oder, da $R$ symmetrisch, auch $yRx$, was mit $xRx'$ auf $yRx'$ führt, also $x' \in K_y$. Damit ist $K_x \subseteq K_y$. Ist $y' \in K_y$, d. h. $yRy'$, so können wir mit $xRy$ (1. Schritt) wegen der Transitivität von $R$ auf $xRy'$ schließen, d. h., $y' \in K_x$; also auch $K_y \subseteq K_x$. w. z. b. w.

(c) Keine der Klassen ist leer, da $x \in K_x$ für alle $x \in M$.

Damit ist gezeigt, daß jede Äquivalenzrelation $R$ in $M$ eine Zerlegung von $M$ bewirkt, deren Klassen die Teilmengen $K_x = \{y \mid y \in M$ und $xRy\}$ sind. $K_x$ nennt man daher auch *Äquivalenzklasse* bzw. *Restklasse* von $x$ bez. $R$, und die Menge $\{K_x\}_{x \in M}$ aller Äquivalenzklassen heißt die *Quotientenmenge* von $M$ nach $R$, kurz der *Quotient* von $M$ nach $R$, oder die *Faktormenge* von $M$ nach $R$; in Zeichen $M/R$. Da jede Äquivalenzklasse bereits durch irgendeines ihrer Elemente eindeutig bestimmt ist, kann jedes Element als *Repräsentant* die gesamte Klasse vertreten. Nimmt man aus jeder Äquivalenzklasse genau einen Repräsentanten, erhält man ein *Repräsentantensystem* von $M/R$.

*Beweis von* (2): Wir haben uns oben schon überlegt, daß jede Zerlegung $\mathfrak{Z}$ von $M$ Anlaß zur Definition einer Äquivalenzrelation $R$ gibt. Dabei gilt $xRy$ genau dann, wenn $x$ zur selben Zerlegungsklasse wie $y$ gehört. Nun ist zu erwarten, daß die Zerlegung von $M$, die gemäß (1) durch $R$ hervorgerufen wird, wieder die Ausgangszerlegung $\mathfrak{Z}$ ist (und nicht etwa eine andere Zerlegung $\mathfrak{Z}'$ von $M$). Wir haben also zu zeigen: $M/R = \mathfrak{Z}$, wobei $M/R$ aus den Klassen $K_x = \{y \mid y \in M \text{ und } xRy\}$ besteht. Bezeichnet man diejenige $\mathfrak{Z}$-Klasse, die das Element $x \in M$ enthält, mit $K_{\mathfrak{Z}}(x)$, so gilt:

$$
\begin{aligned}
K_{\mathfrak{Z}}(x) &= \{y \mid y \in M \text{ und } y \text{ gehört zur selben } \mathfrak{Z}\text{-Klasse wie } x\} \\
&= \{y \mid y \in M \text{ und } x \text{ gehört zur selben } \mathfrak{Z}\text{-Klasse wie } y\} \\
&= \{y \mid y \in M \text{ und } xRy\} \text{ nach obiger Definition von } R \\
&= K_x.
\end{aligned}
$$

Also fallen für jedes $x \in M$ die $x$ enthaltende $\mathfrak{Z}$-Klasse mit der $x$ enthaltenden $M/R$-Klasse zusammen, d. h., die Zerlegungen $\mathfrak{Z}$ und $M/R$ bestehen aus denselben Klassen. Folglich gilt, wie behauptet, $\mathfrak{Z} = M/R$, und dies beendet unseren Beweis.

Den Satz (2.4) können wir demnach auch so interpretieren: Zwischen den Äquivalenzrelationen in einer Menge $M$ und den Zerlegungen von $M$ besteht eine eineindeutige Zuordnung; für jede Äquivalenzrelation $R$ in $M$ ist die Menge der Äquivalenzklassen eine Zerlegung von $M$, und zu jeder Zerlegung von $M$ gibt es eine Äquivalenzrelation in $M$, deren Äquivalenzklassen die Klassen dieser Zerlegung sind.

Die Äquivalenzrelationen sind deshalb so wichtig, weil sie jedem (mathematischen) Abstraktionsprozeß zugrunde liegen: Eine Menge zerfällt bezüglich einer Äquivalenzrelation in Klassen von Elementen, die gleich sind in bezug auf ein bestimmtes Merkmal, und es wird abstrahiert von allen Eigenschaften der Elemente, die für das Bestehen oder Nichtbestehen der Relation zwischen je zwei von ihnen keine Bedeutung haben. Sodann sieht man die Klassen selbst als neue Objekte an, d. h; man geht über zur Quotientenmenge $M/R$.

Betrachten wir dazu einige *Beispiele*:

(1) Natürlich ist die übliche Gleichheit, etwa in der Menge der ganzen Zahlen, eine Äquivalenzrelation, nämlich die früher schon erwähnte *Identität $R_i$*, denn sie ist reflexiv, symmetrisch und transitiv. Allerdings ist sie nicht sehr interessant, weil jede Äquivalenzklasse aus nur einem Element besteht, und die Quotientenmenge identisch zur Ausgangsmenge ist. Die *Identität* ist gewissermaßen die „feinste" Äquivalenzrelation; bei ihr fallen keine zwei verschiedenen Elemente in dieselbe Klasse: es gibt keine feinere Klasseneinteilung von $M$. Die „gröbste" Äquivalenzrelation ist demgegenüber offenbar jene, bei der alle Elemente von $M$ in dieselbe Klasse fallen, es also nur eine Äquivalenzklasse gibt. Dazu muß jedes Element von $M$ äquivalent zu jedem Element von $M$ sein, d. h., es handelt sich um die *Allrelation $R_a$*. Jede andere Äquivalenzrelation liegt in diesem Sinne „zwischen" der Allrelation und der Identität.

(2) In Klasse 6 werden die Brüche $\dfrac{a}{b}$ ($a$, $b$ natürliche Zahlen; $b \neq 0$) eingeführt, und zwischen ihnen definiert man die Quotientengleichheit $=_\varrho$ durch

$$\frac{a}{b} =_\varrho \frac{c}{d} \text{ genau dann, wenn } ad = cb.$$

In der Schule sagt man dafür auch: „Zwei Brüche sind quotientengleich genau dann, wenn sie durch Kürzen oder durch Erweitern auseinander hervorgehen." Diese Quotientengleichheit ist eine Äquivalenzrelation, denn es gilt:

(a) $\dfrac{a}{b} =_\varrho \dfrac{a}{b}$, weil $ab = ab$; d. h., $=_\varrho$ ist reflexiv.

(b) $\dfrac{a}{b} =_\varrho \dfrac{c}{d} \Rightarrow ad = cb \Rightarrow cb = ad$ (da die Gleichheit in $\mathsf{N}$ symmetrisch ist) $\Rightarrow \dfrac{c}{d} =_\varrho \dfrac{a}{b}$; d. h., $=_\varrho$ ist symmetrisch.

(c) $\left.\begin{array}{l} \dfrac{a}{b} =_\varrho \dfrac{c}{d} \Rightarrow ad = cb \Rightarrow adf = cbf \\[2mm] \dfrac{c}{d} =_\varrho \dfrac{e}{f} \Rightarrow cf = ed \Rightarrow cfb = edb \end{array}\right\} \begin{array}{l} \Rightarrow adf = edb \Rightarrow af = eb \\[2mm] \Rightarrow \dfrac{a}{b} =_\varrho \dfrac{e}{f}; \end{array}$

d. h., $=_\varrho$ ist transitiv.

An welcher Stelle des Beweises benutzt man die Transitivität der Gleichheit in $\mathsf{N}$; wo wird $d \neq 0$ gebraucht?

Folglich zerfällt die Menge $M$ aller Brüche bezüglich der Relation $=_Q$ in Klassen untereinander quotientengleicher Brüche; die Quotientenmenge $M/=_Q$ ist bekanntlich die Menge der gebrochenen Zahlen. Als Repräsentant einer Äquivalenzklasse von $M/=_Q$ nimmt man zweckmäßigerweise einen nicht weiter kürzbaren Bruch. Zur Illustration dieser Klassenzerlegung dient die Abb. 22 (vgl. auch mit dem Lehrbuch der Klasse 6).

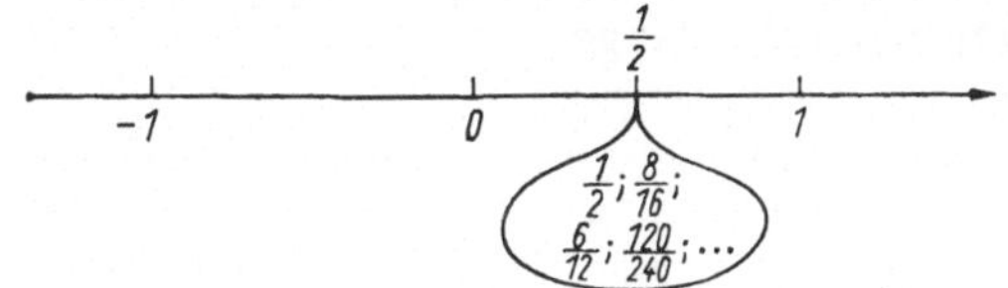

Abb. 22

(3) Eine weitere wichtige Äquivalenzrelation in der Menge G der ganzen Zahlen ist die *Kongruenz modulo m* (Restegleichheit bei Division durch *m*; Zeichen $\equiv$). In Abschnitt 2.2. haben wir bereits gezeigt, daß die Relation „läßt bei Division durch 3 denselben Rest" symmetrisch, transitiv und reflexiv ist, und an den einzelnen Beweisschritten ändert sich offenbar nichts, wenn man statt mit „3" mit „*m*" arbeitet. Trotzdem sollte sich der Leser diese Überlegung hier noch einmal aufschreiben. Da also „$\equiv$" eine Äquivalenzrelation ist, zerfällt die Menge G der ganzen Zahlen in Klassen zueinander restegleicher Zahlen, und die Äquivalenzklassen sind Klassen „gleicher Reste", woraus sich die oben genannte und auf den allgemeinen Fall übertragene Bezeichnung „Restklasse" herleitet. Wählt man $m = 3$, so zerfällt G in drei Klassen, nämlich

$$K_0 = \{..., -12, -9, -6, -3, 0, 3, 6, 9, 12, ...\} \quad \text{Rest } 0,$$
$$K_1 = \{..., -11, -8, -5, -2, 1, 4, 7, 10, 13, ...\} \quad \text{Rest } 1,$$
$$K_2 = \{..., -10, -7, -4, -1, 2, 5, 8, 11, 14, ...\} \quad \text{Rest } 2.$$

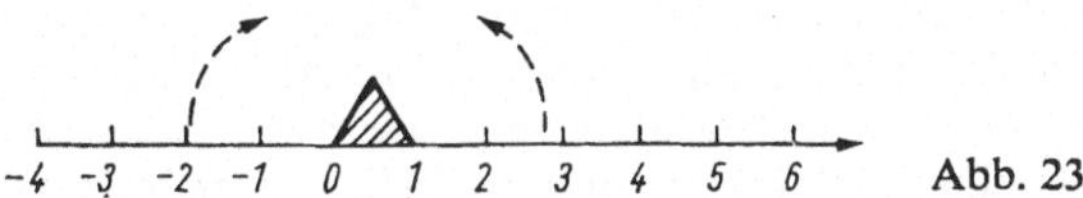

Abb. 23

Die Bildung der Restklassen modulo 3 läßt sich veranschaulichen (vgl. Abb. 23): Man denke sich die Zahlengerade als einen unendlichen Faden, der um ein gleichseitiges Dreieck der Seitenlänge 1 „gewickelt" wird. In der Ausgangslage soll der Nullpunkt der Zahlengerade mit einer der Ecken des Dreiecks

5*

zusammenfallen, und man wickele die „positive" und die „negative" Halbgerade in entgegengesetztem Sinne um das Dreieck. Dann sammeln sich in den Eckpunkten des Dreiecks gerade alle zu ein und derselben Äquivalenzklasse gehörenden Elemente. Diese anschauliche Deutung läßt sich natürlich auch für die Bildung der Restklassen modulo 4, 5 usw. geben; man nimmt dann statt eines Dreiecks ein regelmäßiges 4- bzw. 5-Eck usw., jeweils mit der Seitenlänge 1.

(4) Es ist leicht, die Relation „ist parallel zu" in der Menge der Geraden einer Ebene als Äquivalenzrelation zu erkennen. Also zerfällt die Menge aller Geraden der Ebene in Klassen zueinander paralleler Geraden, und jede Klasse heißt eine *Richtung*. An diesem Beispiel wird recht deutlich, wie dem Abstraktionsprozeß, hier der Bildung des Begriffs Richtung, eine Äquivalenzrelation zugrunde liegt. Der Leser versuche dagegen, den Begriff Richtung durch Beschreibung zu erklären!

(5) Ein lineares Gleichungssystem von 2 Gleichungen mit 2 Variablen (es können aber ebensogut $m$ Gleichungen mit $n$ Variablen sein) heißt äquivalent zu einem zweiten linearen Gleichungssystem genau dann, wenn ihre Lösungsmengen übereinstimmen. Dabei ist stillschweigend vorausgesetzt, daß beide Systeme über demselben Grundbereich – etwa $P$ – betrachtet werden. Die Äquivalenz von linearen Gleichungssystemen ist offensichtlich eine Äquivalenzrelation.
Die Aufgabe, ein lineares Gleichungssystem zu lösen, kann man nun auch so interpretieren: Man bilde, vom gegebenen System ausgehend, eine Kette linearer Gleichungssysteme, in der jedes Glied äquivalent zum vorangegangenen ist, mit dem Ziel, ein letztes Gleichungssystem dieser Kette von so einfacher Bauart zu erhalten, daß sich die Lösung unmittelbar ablesen läßt. Die Transitivität der Äquivalenz sichert dann, daß auch das erste Gleichungssystem äquivalent zum letzten ist. Also hat man mit der Lösungsmenge des letzten Systems auch die Lösungsmenge des gegebenen Systems gefunden. Wir führen das an einem einfachen Beispiel vor:

$$\begin{array}{ll} 5x + \phantom{4}y = \phantom{1}3 \\ 3x - 4y = 11 \end{array} \Leftrightarrow \begin{array}{ll} 20x + 4y = 12 \\ \phantom{2}3x - 4y = 11 \end{array} \Leftrightarrow \begin{array}{ll} 23x \phantom{- 4y} = 23 \\ \phantom{2}3x - 4y = 11 \end{array} \Leftrightarrow$$

$$\begin{array}{ll} \phantom{3}x \phantom{- 4y} = \phantom{1}1 \\ 3x - 4y = 11 \end{array} \Leftrightarrow \begin{array}{ll} \phantom{3}x \phantom{- 4y} = \phantom{1}1 \\ 3 \cdot 1 - 4y = 11 \end{array} \Leftrightarrow \begin{array}{ll} x \phantom{- 4y} = 1 \\ \phantom{x} - 4y = 8 \end{array} \Leftrightarrow \begin{array}{ll} x = \phantom{-}1 \\ y = -2 \end{array}$$

Aus dem letzten Gleichungssystem liest man unmittelbar $L = \{(1;\ -2)\}$ ab und hat damit auch die Lösungsmenge des gegebenen Systems gefunden.

Das einzige Problem bei der Lösung linearer Gleichungssysteme besteht also offenbar darin, zu untersuchen, welche Umformungen ein lineares Gleichungssystem in ein dazu äquivalentes überführen, und zu zeigen, daß man durch solche Umformungen von einem beliebigen System in endlich vielen Schritten stets zu einem System von „einfacher Bauart" gelangen kann. In Klasse 9 werden solche äquivalenten Umformungen eines linearen Gleichungssystems behandelt: Ändern der Reihenfolge der Gleichungen; Multiplikation einer Gleichung mit einem von Null verschiedenen Faktor; Übergang von einer Gleichung zu einer Summe aus dieser und einer anderen Gleichung des Systems.

Im Satz (2.2.) und in der sich daran anschließenden Bemerkung über seine Umkehrung haben wir gesehen, daß für reflexive Relationen $R$ gilt:

$R$ symmetrisch und $R$ transitiv $\Leftrightarrow R$ erfüllt die Drittengleichheit.

Daher kann man eine Äquivalenzrelation auch charakterisieren als eine reflexive Relation, für die die Drittengleichheit gilt.

Die ergänzende Überlegung, wie Graph und Pfeildiagramm einer Äquivalenzrelation aussehen, überlassen wir wieder dem Leser.

## Bei den Hühnern herrscht keine Ordnung

**2.4. Ordnungsrelationen: Der Leser erfährt etwas über Ordnungsrelationen und ihre Verträglichkeit mit Äquivalenzrelationen.**

So elementar das Bedürfnis des Menschen ist, die ihn umgebenden Objekte des Seins und des Denkens zu sortieren, mittels eines „Gleichwertigkeits-Merkmals" in Klassen einzuteilen (Äquivalenzrelation), so elementar ist sein Bedürfnis, die Umwelt durch Ordnen zu strukturieren, Rangfolgen anzugeben. Dazu dienen solche Relationen wie „ist größer als", „ist nicht schwerer als", „ist Teilmenge von", „ist Nachkomme von", „steht im Alphabet vor", „geschah früher als"; sogenannte *Ordnungsrelationen*. Durch welche Eigenschaften sind diese charakterisiert?

Rein intuitiv würden wir von einer Rangordnung nur dann sprechen, wenn sie transitiv ist, d. h., wenn gilt: Steht $x$ in der Rangordnung vor $y$ und $y$ wiederum vor $z$, so muß $x$ in der Rangordnung auch vor $z$ stehen. Die „Hackliste" eines Hühnervolkes können wir demzufolge nicht als Rangordnung akzeptieren, denn wenn Huhn Berta Huhn Herta hackt, Huhn Herta aber seinerseits Huhn Martha hackt, so ist durchaus nicht sicher, daß Huhn Berta auch Huhn Martha hackt. Bei den Hühnern herrscht also keine Ordnung!

Die Relationen „$\leqq$" bzw. „$<$", die in der Menge P der reellen Zahlen bekanntlich Rangordnungen liefern, sind Beispiele dafür, daß eine Ordnungsrelation sowohl reflexiv (wie „$\leqq$") als auch irreflexiv (wie „$<$") sein kann. Entsprechend nennt man sie reflexive bzw. irreflexive Ordnungsrelation. Von einer Rangordnung muß aber noch eine weitere Eigenschaft verlangt werden: Wenn $x$ in der Rangordnung vor $y$ steht, so kann offenbar $y$ nicht zugleich in der Rangordnung vor $x$ stehen; dieser Fall könnte höchstens dann eintreten, wenn $x = y$ und die betreffende Relation reflexiv ist. Also müssen wir von einer reflexiven Ordnungsrelation verlangen, daß sie antisymmetrisch, und von einer irreflexiven Ordnungsrelation, daß sie asymmetrisch ist.

Bei flüchtiger Betrachtung ist man leicht geneigt noch zu fordern, daß für zwei verschiedene Elemente $x$, $y$ stets $x$ vor $y$ oder $y$ vor $x$ kommt, wie das z. B. bei Zahlen bezüglich der Ordnungsrelation „ist größer als" oder bei Menschen bezüglich der Ordnungsrelation „ist nicht älter als" gilt. Aber schon ein Blick auf die Relation „ist Nachkomme von" zeigt, daß eine solche Ordnung nicht notwendig „linear" sein muß, sondern daß sich diese Ordnung auch zu einem „Stammbaum" verzweigen kann. Fassen wir diese Vorüberlegungen in folgender Definition zusammen:

---

**Definition 2.7:** Eine Relation $R$ in $M$ heißt
*reflexive Ordnungsrelation* in $M$ genau dann, wenn $R$ reflexiv, antisymmetrisch und transitiv ist;
*irreflexive Ordnungsrelation* in $M$ genau dann, wenn $R$ irreflexiv, asymmetrisch und transitiv ist.

---

Da nach S(2.1) eine irreflexive und transitive Relation notwendigerweise auch asymmetrisch ist, würde es in der Definition

D(2.7) genügen zu sagen: $R$ irreflexive Ordnungsrelation genau dann, wenn $R$ irreflexiv und $R$ transitiv.

Zur Veranschaulichung einer Ordnungsrelation ist gewiß das Pfeildiagramm dem Graph überlegen, wie schon an unserem Standardbeispiel „ist Teiler von" in $M = \{1, 2, 3, 4, 5, 6\}$ deutlich wird. Unter Beachtung der Eigenschaften einer Ordnungsrelation kann es noch weiter vereinfacht werden:

$R$ ist entweder irreflexiv oder reflexiv. Im ersten Fall trägt kein Punkt, im zweiten Fall jeder Punkt des Graphen von $R$ einen „Ringpfeil", den wir verabredungsgemäß weglassen wollten. Deshalb ist die Reflexivität bzw. Irreflexivität von $R$ nicht mehr an ihrem Graph erkennbar und muß zusätzlich angegeben werden.

Sowohl aus der Antisymmetrie für reflexive als auch aus der Asymmetrie für irreflexive Ordnungsrelationen $R$ folgt, daß für verschiedene Elemente $x, y \in M$ niemals $xRy$ und $yRx$ gleichzeitig gelten kann. Gilt beispielsweise $xRy$ und gibt es kein Element $z$ mit $xRz$ und $zRy$, d. h., ist $y$ „ranghöher" als $x$ und gibt es kein Element $z$ „dazwischen", so können wir $y$ recht anschaulich einen *oberen Nachbarn* von $x$ und $x$ einen *unteren Nachbarn* von $y$ nennen. Legen wir, dieser Anschauung folgend, den Punkt $P_y$ dann auch oberhalb von $P_x$ in die Zeichenebene, so kann selbst die Pfeilspitze noch entfallen, und es genügt, $P_x$ und $P_y$ durch eine Strecke miteinander zu verbinden. Wir erhalten dadurch, z. B. für die Relation „ist Teiler von" in $M = \{1, ..., 6\}$, das erneut vereinfachte Diagramm der Abb. 24, auch HASSE-Diagramm der Relation genannt.

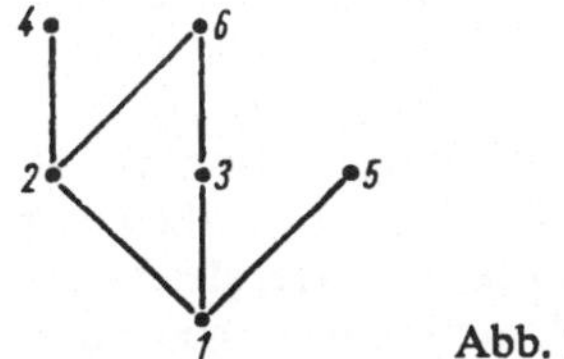


**Abb. 24**

Fassen wir noch einmal zusammen, wie das HASSE-Diagramm einer Ordnungsrelation $R$ in einer endlichen Menge $M$ gezeichnet wird: Man beginnt mit den rangniedrigsten Elementen, d. h. mit jenen, die nicht oberer Nachbar von anderen sind; in unserem Beispiel also mit 1. Auf der nächsten Stufe stehen alle jene Elemente von $M$, die oberer Nachbar von rangniedrigsten Elementen sind; im Beispiel 2, 3, 5. In der $n$-ten Stufe der Rangordnung stehen jene Elemente von $M$, die obere Nachbarn von Elementen der $(n - 1)$-ten Stufe sind. Durch Strecken verbunden sind nur Elemente benachbarter Stufen, und zwar ist $x$ mit $y$ verbunden genau dann, wenn $y$ oberer Nachbar von $x$ ist.

Für Elemente $x$, $y$ auf ein und derselben Stufe gilt weder $xRy$ noch $yRx$ (warum?), sie heißen *unvergleichbar*. Es können aber auch gewisse Elementepaare verschiedener Stufen unvergleichbar sein, im Beispiel etwa 5 und 6.

Gibt es bei einer Ordnungsrelation $R$ in $M$ keine unvergleichbaren Elemente, d. h., tritt für verschiedene Elemente $x$, $y$ stets genau einer der Fälle $xRy$ oder $yRx$ ein, so heißt die Menge $M$ durch $R$ *linear geordnet*. Da das HASSE-Diagramm einer solchen linear geordneten Menge auf einer Geraden liegt, spricht man auch von einer *Kette*. Beispielsweise ist die durch die Relation „<" geordnete Menge P der reellen Zahlen eine Kette, und die übliche Zahlengerade ist ihr HASSE-Diagramm, nur wird sie verabredungsgemäß horizontal statt vertikal gezeichnet.

Wir betrachten nun einige Beispiele für Ordnungsrelationen:

(1) Die Relation „ist kleiner als" in der Menge P der reellen Zahlen ist eine irreflexive Ordnungsrelation, wie man mittels D(2.7) sofort überprüft. Geht man von der Relation „<" über zu „≦", so erhält man eine reflexive Ordnungsrelation in P; man kann auf diese Weise, durch Hinzunahme der Identität, aus einer irreflexiven Ordnungsrelation stets eine reflexive Ordnungsrelation gewinnen. Sowohl bezüglich „<" als auch bezüglich „≦" ist P eine linear geordnete Menge.

(2) Die Teilbarkeit ist eine reflexive Ordnungsrelation in N. Ihre Reflexivität, Antisymmetrie und Transitivität haben wir bereits im Abschnitt 2.2. festgestellt, und da es unvergleichbare Elemente gibt (z. B. 2 und 3), wird N nicht linear geordnet. Abb. 25 zeigt das HASSE-Diagramm der Teilbarkeitsrelation in der Menge $M = \{2, 3, 5, 7, 14, 15, 21\}$.

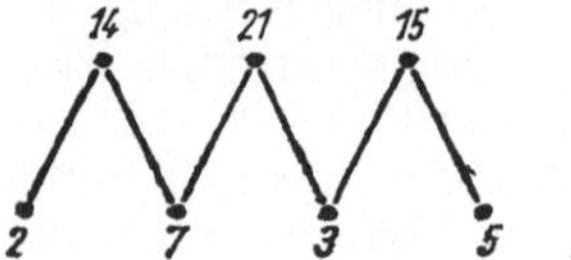


Abb. 25

(3) Die Inklusion $\subseteq$ (bzw. $\subset$), betrachtet in der Potenzmenge $\mathcal{P}(M)$ einer nichtleeren Menge $M$, ist ebenfalls eine reflexive (bzw. irreflexive) Ordnungsrelation. In Abb. 26 ist das HASSE-Diagramm der Inklusion in $\mathcal{P}(\{1, 2, 3\})$ gezeichnet.

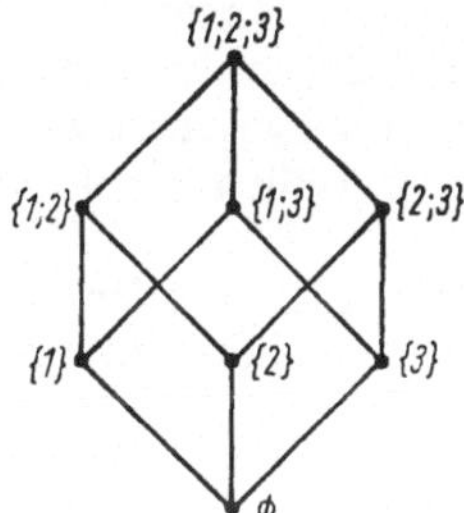


Abb. 26

(4) Die Menge der Wörter der deutschen Sprache wird durch die Relation „steht im Alphabet vor" linear geordnet. Bekanntlich steht das Wort I im Alphabet vor dem Wort II, wenn der erste Buchstabe von links, in dem sich beide Wörter unterscheiden, beim Wort I im Alphabet vor jenem des Wortes II steht. Dabei ist noch eine Verabredung bezüglich der Umlaute erforderlich; häufig behandelt man z. B. „ö" wie o-e, manchmal jedoch einfach wie o. Sind – wie im Duden – Wörter nach dieser Relation geordnet, so heißen sie *lexikographisch geordnet*.

(5) Die Identität $R_t$, die sich bereits als Äquivalenzrelation erwies, kann auch als reflexive Ordnungsrelation angesehen werden, denn sie ist reflexiv, transitiv und antisymmetrisch. Je zwei verschiedene Elemente sind bezüglich $R_t$ unvergleichbar, d. h., ihr HASSE-Diagramm besteht aus lauter „isolierten" Punkten. Es ist in Abb. 27 für die Menge $M = \{1, 2, 3, 4, 5\}$ dargestellt.

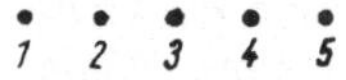

Abb. 27

Schließlich wollen wir noch das Zusammenspiel zwischen je einer in derselben Menge definierten Äquivalenz- und Ordnungsrelation untersuchen und greifen auf das im Abschnitt 2.3. gewählte Beispiel der Holzstäbchen verschiedener Farbe, Länge und Querschnittsform zurück. Die Relation „hat dieselbe Farbe wie" ist eine Äquivalenzrelation und führt zu einer Klasseneinteilung der Stäbe in solche gleicher Farbe. Die Relation „ist länger als" ist eine Ordnungsrelation und führt zu einer Ordnung der Stäbe nach ihrer Länge. Gilt für zwei Stäbe $x$ und $y$ „$x$ ist länger als $y$" und ersetzt man $x$ durch einen dazu gleichfarbigen Stab $x'$ (und $y$ durch einen dazu gleichfarbigen Stab $y'$), so kann man nicht behaupten, daß auch „$x'$ ist länger als $y'$" gilt. Hier gibt es kein Zusammenspiel beider Relationen in dem Sinne, daß das Bestehen der Ordnungsrelation zwischen zwei Elementen das Bestehen dieser Relation zwischen zwei zu diesen äquivalenten Elementen nach sich zieht.

Nehmen wir hingegen die Äquivalenzrelation „ist quotientengleich zu" in der Menge der Brüche und die in dieser Menge durch

$$\frac{a}{b} <_\varrho \frac{c}{d} \text{ genau dann, wenn } ad < cb$$

definierte Ordnungsrelation (man überzeuge sich, daß dies tatsächlich eine solche ist) und untersuchen, ob die Ordnungsrelation auch zwischen zwei zu obigen Brüchen quotientengleichen Brüchen besteht. Es sei also $\frac{a'}{b'} =_\varrho \frac{a}{b}$, d. h., $a'b = ab'$, und $\frac{c'}{d'} =_\varrho \frac{c}{d}$, d. h., $c'd = cd'$, so gilt wegen $ad < cb$ auch $adb'd' < cbb'd'$. Also gilt $(ab')(dd') < (cd')(bb')$, woraus $(a'b)(dd') < (c'd)(bb')$ und weiter $a'd' < c'b'$, d. h. $\frac{a'}{b'} <_\varrho \frac{c'}{d'}$ folgt.

Das Bestehen der Ordnungsrelation zwischen zwei Elementen von $M$ zieht hier das Bestehen dieser Relation zwischen allen zu diesen Elementen äquivalenten Elementen nach sich. Deshalb ruft die Ordnungsrelation in $M$ gleichzeitig eine Ordnung der Quotientenmenge $M/R$ hervor. Man sagt in diesem Fall, Ordnungs- und Äquivalenzrelation sind *verträglich*.

---

**Definition 2.8:** Die Äquivalenzrelation $R$ in $M$ und die Ordnungsrelation $S$ in $M$ heißen *verträglich* genau dann, wenn für alle $x, y, x', y' \in M$ gilt:

$[xSy$ und $xRx'$ und $yRy'] \Rightarrow x'Sy'$.

---

Schreibt man statt $R$ das Zeichen $\sim$ und statt $S$ das Zeichen $<$, so lautet D(2.8) in einprägsamer Schreibweise:

$[x < y$ und $x \sim x'$ und $y \sim y'] \Rightarrow x' < y'$.

## 2.5. Aufgaben

1. Man schreibe die folgenden Relationen in $M$ als Teilmengen von $M \times M$:

   a) „ist unmittelbarer Nachfolger" in $M = \{0, 1, 2, 3, 4, 5\}$;
   b) „ist echte Teilmenge von" in $M = \mathscr{P}(\{1, 2, 3\})$;
   c) „ist Teiler von" in $M = \{2, 4, 5, 8, 45, 60\}$.

2. Man gebe alle zweistelligen Relationen in $M = \{1; 2\}$ als Teilmengen von $M \times M$ an. Welche Vermutung kann man über die Anzahl der Relationen in einer Menge von $n$ Elementen aussprechen?

3. Man zeichne Pfeildiagramm und Graph folgender Relationen in $M = \{1, 2, 3, 4, 5, 6\}$:

   a) $R_1 = \{(x, y) \mid x \cdot y \text{ ungerade}\}$;
   b) $R_2 = \{(x, y) \mid y = x + 2\}$.

4. Man gebe je ein Beispiel an:

   a) für eine transitive, aber weder reflexive noch symmetrische Relation;
   b) für eine symmetrische und transitive, aber nicht reflexive Relation;
   c) für zwei Relationen $R, S$ mit $R \subset S$;
   d) für zwei zueinander inverse Relationen.

5. a) Welche Beziehung besteht zwischen einer symmetrischen Relation und einer Relation, die zu sich selbst invers ist?
   b) Welche Eigenschaft besitzt eine Relation $R$ in $M$, für die $R_i \subseteq R$ gilt ($R_i$: Identität in $M$)?
   c) Welche Relationen werden durch $R \circ R \subseteq R$ charakterisiert?

6. Jemand behauptet, daß eine symmetrische und transitive Relation stets auch reflexiv ist, und begründet dies so: „Ist $R$ symmetrisch, so gilt mit $xRy$ auch $yRx$, woraus wegen der Transitivität sofort $xRx$ folgt. Also ist $R$ auch reflexiv." Aufgabe 4b) hat bereits gezeigt, daß die Behauptung falsch ist. Wo aber steckt der Fehler in obiger „Begründung"?

7. Welche der folgenden Relationen sind Äquivalenzrelationen?

   a) $R_1 = \{(x, y) \mid x - y \text{ ist ganzzahliges Vielfaches von } 3\}$ in $\mathbf{N}$;

b) $R_2 = \{(a, a)\}$ in $M = \{a\}$;

c) die Relation „ist Faktor von" in $\mathsf{N}$;

d) die Relation „ist kongruent zu" in der Menge der Figuren einer Ebene;

e) die Relation „ist grenzwertgleich zu" in der Menge der konvergenten Folgen reeller Zahlen;

f) die Relation $R$ in $\mathsf{N} \times \mathsf{N}$ mit $(a, b)\, R(c, d)$ genau dann, wenn $a + d = c + b$;

g) die Relation $R_f$ in $\mathsf{P}$ mit $R_f = \{(x, y) \mid f(x) = f(y)\}$, wobei $f$ eine beliebige Funktion von $\mathsf{P}$ in $\mathsf{P}$ ist.

Für die Relation f) gebe man die $(2; 5)$ enthaltende Äquivalenzklasse an.

8. Man zeige:

a) Ist $R$ eine reflexive und transitive Relation in $M$, so ist $R \cap R^{-1}$ eine Äquivalenzrelation in $M$.

b) Mit $R$ und $S$ ist auch $R \cap S$ eine Äquivalenzrelation. Gilt dies auch für $R \cup S$?

9. a) Man zeichne das HASSE-Diagramm der Relation „ist Teiler von" in $M = \{2, 4, 5, 8, 45, 60\}$.

b) An Hand von Beispielen mache man sich deutlich, daß die Aussagen „alle Elemente $y \neq x$ von $M$ sind ranggrößer als $x$" und „es gibt kein rangkleineres Element in $M$ als $x$" nicht dasselbe ausdrücken.

10. Man zeige:

a) Wenn $R$ eine (reflexive bzw. irreflexive) Ordnungsrelation in $M$ ist, so ist auch $R^{-1}$ eine (reflexive bzw. irreflexive) Ordnungsrelation in $M$.

b) Wenn $R$ bzw. $S$ reflexive Ordnungsrelationen in $M$ bzw. $N$ sind, so ist die Relation $T$ in $M \times N$ mit $(x_1, y_1)\, T\, (x_2, y_2)$ $\Leftrightarrow (x_1 R x_2$ und $y_1 S y_2)$ auch eine reflexive Ordnungsrelation.

11. a) Es sei $M$ eine nichtleere, endliche Menge, $\mathscr{P}(M)$ ihre Potenzmenge. Man untersuche, ob die Äquivalenzrelation „hat ebensoviel Elemente wie" in $\mathscr{P}(M)$ mit der Inklusion in $\mathscr{P}(M)$ verträglich ist.

b) Unter welcher Voraussetzung an die Funktion $f$ ist die in Aufgabe 7g) untersuchte Äquivalenzrelation mit der Ordnungsrelation „$\leqq$" in $\mathsf{P}$ verträglich?

# 3. Operationen

## $2 \circ 4 = 3$ und $7 \circ 17 = 12$?

**3.1. Begriff der Operation: Operationen als Abbildungen – viele Beispiele, bereits vertraute und vielleicht auch weniger bekannte.**

Ein Druckfehler? Ein Rechenfehler? Man hat sicher Bedenken bezüglich der Richtigkeit der in der Überschrift genannten Gleichungen, wenn man an die Grundrechenoperationen in Zahlenbereichen denkt. Wir werden auf dieses Problem zurückkommen.

Neben der Addition, der Multiplikation, der Subtraktion und der Division rationaler Zahlen haben wir bereits weitere Operationen kennengelernt, beispielsweise die Durchschnitts-, Vereinigungs- und Differenzmengenbildung von Mengen und die Nacheinanderausführung von Abbildungen.

Wir untersuchen einige bekannte Beispiele näher:

*Addition*
natürlicher
Zahlen; etwa:

$(6; 7) \mapsto 13$
$(0; 8) \mapsto 8$
$(2; 9) \mapsto 11$

*Subtraktion*
gebrochener
Zahlen; etwa:

$(9; 7) \mapsto 2$
$(17; 0) \mapsto 17$
$(0,5; 9) \quad ?$

*Durchschnitt*
von
Mengen; etwa:

$(\{1; 2\}, \{3\}) \mapsto \emptyset$
$(\{7; 8\}, \{8; 9\}) \mapsto \{8\}$
$(\{7, 4, 0\}, \emptyset) \mapsto \emptyset$

*Vereinigung*
von
Mengen; etwa:

$(\{a, b\}, \{c\}) \mapsto \{a, b, c\}$
$(\{a\}, \emptyset) \mapsto \{a\}$
$(\{a, b\}, \{a, b\}) \mapsto \{a, b\}$

Unsere Beispiele zeigen: Einem geordneten Paar von Elementen einer Menge $M$ wird durch eine „Operationsvorschrift" eindeutig wieder ein Element von $M$ zugeordnet. Eine Operation kann also als spezielle eindeutige Abbildung aufgefaßt werden, wobei die Originale geordnete Paare von Elementen einer Menge $M$ und die Bilder Elemente von $M$ sind. Die Addition natürlicher Zahlen ist eine eindeutige Abbildung von N $\times$ N auf N. Die Subtraktion gebrochener Zahlen ist eine eindeutige Abbildung *aus* R* $\times$ R* auf R*, weil nicht jedem geordneten Paar gebrochener Zahlen ein Bild zugeordnet wird. Durchschnitts- und Vereinigungsbildung sind eindeutige Abbildungen von $\mathscr{P}(M) \times \mathscr{P}(M)$ auf $\mathscr{P}(M)$.

Wir konstruieren noch folgendes Beispiel: Jedem geordneten Paar natürlicher Zahlen $(a, b)$ wird als Bild die natürliche Zahl $(a + b)^2$ zugeordnet. Auch diese Abbildung kann als Operation aufgefaßt werden. Da als Bilder jedoch nicht alle natürlichen Zahlen auftreten, sondern nur Quadratzahlen, liegt eine eindeutige Abbildung von N $\times$ N *in* N vor.

Die Beispiele legen nahe, wie man den Begriff einer Operation in einer Menge $M$ definieren sollte:

---

**Definition 3.1:** Es sei $M$ eine nichtleere Menge. Jede eindeutige Abbildung $\varphi$ aus $M \times M$ in $M$ heißt *zweistellige* (oder auch *binäre*) *Operation in der Menge M*.
Wird dem Paar $(a, b)$ durch $\varphi$ als Bild das Element $c$ zugeordnet, so schreibt man statt $\varphi(a, b) = c$ auch $a \circ b = c$.
Die Menge $M$ heißt *Trägermenge der Operation*.

---

Da Operationen spezielle Abbildungen sind, dürfen wir vom Definitionsbereich und vom Wertebereich einer Operation sprechen. So ist z. B. der Definitionsbereich der Division in der Menge P der reellen Zahlen die Menge $P \times (P \setminus \{0\})$. Ist der Definitionsbereich einer Operation $\varphi : M \times M \to M$ gleich $M \times M$, so nennt man $\varphi$ eine *vollständige Operation*; gilt $\mathrm{Dfb}_\varphi \subset M \times M$, heißt $\varphi$ *partielle Operation*.

Der durch D(3.1) festgelegte Begriff einer binären Operation in einer Menge $M$ läßt sich in zweierlei Hinsicht verallgemeinern. Wird durch eine eindeutige Abbildung $\varphi$ jedem geordneten $n$-Tupel $(a_1, \ldots, a_n)$ von Elementen $a_i$ einer Menge $M$ ein Element aus $M$ zugeordnet, so spricht man von einer $n$-stelligen Operation in der Menge $M$. In einem noch allgemeineren Sinne kann man auch von einer $n$-stelligen Operation sprechen, wenn eine eindeutige Abbildung aus $M_1 \times M_2 \times \ldots \times M_n$ in $M$ vorliegt. Es sind z. B. das Bilden des Skalarproduktes zweier Vektoren und die „Multiplikation" von reellen Zahlen mit Vektoren solche binären Operationen, bei denen voneinander verschiedene Mengen beteiligt sind.

Auch das Bilden des arithmetischen Mittels zweier rationaler Zahlen kann als vollständige binäre Operation aufgefaßt werden: $(a, b) \mapsto c = \dfrac{a + b}{2}$.

Damit lassen sich auch die in der Überschrift genannten Gleichungen deuten. Interpretiert man die Variable „∘" als Verknüpfungszeichen für das Bilden des arithmetischen Mittels rationaler Zahlen, so sind die Gleichungen wahre Aussagen.

Beim Rechnen mit natürlichen Zahlen wollen wir nun die Addition nur auf die Teilmenge $G$ der geraden Zahlen anwenden. Man nutzt dabei eigentlich eine „neue" Operation „ + ", die als Abbildung von $G \times G$ auf $G$ aufgefaßt werden kann. Allerdings weiß jedes Schulkind, daß **2** plus **4** gleich **6** ist, unabhängig davon, ob man die Zahlen bezüglich der Addition natürlicher Zahlen oder bezüglich der Addition gerader Zahlen betrachtet. Man nennt diese „neue" Addition eine Einschränkung der Addition natürlicher Zahlen auf die Menge der geraden Zahlen. Allgemein heißt eine in einer Menge $A$ definierte Operation $\circ_A$ eine *Einschränkung* einer in einer Menge $B$ definierten Operation $\circ_B$ *auf die Operation* $\circ_A$ genau dann, wenn $A \subset B$ und für beliebige $a, b \in A$ gilt: $a \circ_A b = a \circ_B b$. Es ist nun nicht gesagt, daß die Einschränkung $\circ_A$ einer vollständigen Operation $\circ_B$ auf eine Teilmenge $A \subset B$ wieder eine vollständige Operation ist. Schränkt man beispielsweise die Addition $+$ in $\mathsf{N}$ auf die Teilmenge $P$ der Primzahlen ein, so ist $+_P$ keine vollständige Operation in $P$, denn z. B. ist $3 \in P$, $5 \in P$, $3 +_P 5 = 3 + 5 = 8$, aber $8 \notin P$. Also liegt das dem Paar $(3; 5)$ zugeordnete Element 8 nicht mehr in $P$. Dagegen führt die auf die Menge $G$ der geraden Zahlen eingeschränkte Addition natürlicher Zahlen aus $G$ nicht heraus, denn die Summe zweier beliebiger gerader Zahlen ist stets wieder gerade. Man sagt auch, $G$ ist bezüglich der Addition *abgeschlossen*.

Um einen Einblick in die Vielfalt von Operationen zu bekommen, betrachten wir weitere wichtige Beispiele:

*Beispiel 1*: Im Abschnitt 1.7., Beispiel (2), wurden Restklassen ganzer Zahlen modulo $m$ eingeführt. Sie werden jetzt mit $[0]_m$, $[1]_m$, ..., $[m - 1]_m$ bezeichnet. Da die Restklassen paarweise disjunkte nichtleere Mengen sind, kann jedes Element die Klasse, der es angehört, eindeutig repräsentieren. Wir vereinbaren, die kleinste nichtnegative ganze Zahl einer Klasse zu deren Kennzeichnung zu nutzen.

In der Menge der Restklassen ganzer Zahlen modulo 4 führen wir eine „Addition von Restklassen" und eine „Multiplikation von Restklassen" ein:

(1) $[a]_4 + [b]_4 = [a + b]_4$;      (2) $[a]_4 \circ [b]_4 = [a \cdot b]_4$.

Zum Beispiel ist:

$[3]_4 + [2]_4 = [5]_4 = [1]_4$;      $[2]_4 \circ [3]_4 = [6]_4 = [2]_4$.

Man beachte: Die Verknüpfungszeichen $+$ und $+$ (bzw. $\circ$ und $\cdot$) haben unterschiedliche Bedeutung.
In den Gleichungen (1) und (2) hätte man statt 4 auch jede andere positive natürliche Zahl als Modul wählen können. Die Definition der Operationen in der Menge der Restklassen modulo $m$ wird durch

(1') $[a]_m + [b]_m = [a + b]_m$   und   (2') $[a]_m \circ [b]_m = [a \cdot b]_m$

ausgedrückt.
Die Addition und die Multiplikation von Restklassen sind „repräsentantenweise" erklärt worden. Wir müssen noch zeigen, daß die Definitionen (1') und (2') sinnvoll sind, indem wir nachweisen, daß sich diese Operationen mit der Restklassenbildung „vertragen". Wählt man statt $a$ und $b$ zwei andere Repräsentanten $a' \in [a]_m$ und $b' \in [b]_m$, so muß $a' + b' \in [a + b]_m$ und $a' \cdot b' \in [ab]_m$ gelten. Wir beweisen die erstgenannte Beziehung:
$a, a' \in [a]_m$ bedeutet $a = a' + rm$, und $b, b' \in [b]_m$ bedeutet $b = b' + sm$. Durch Addition beider Gleichungen folgt $a + b = a' + b' + (r + s)m$, d. h., die beiden Summen $a + b$ und $a' + b'$ liegen in der gleichen Restklasse.
Man kann die 16 Möglichkeiten der additiven (bzw. multiplikativen) Verknüpfung von Restklassen modulo 4 in je einer Tabelle (Verknüpfungstafel) darstellen:

| $+$ | $[0]_4$ | $[1]_4$ | $[2]_4$ | $[3]_4$ |
|---|---|---|---|---|
| $[0]_4$ | $[0]_4$ | $[1]_4$ | $[2]_4$ | $[3]_4$ |
| $[1]_4$ | $[1]_4$ | $[2]_4$ | $[3]_4$ | $[0]_4$ |
| $[2]_4$ | $[2]_4$ | $[3]_4$ | $[0]_4$ | $[1]_4$ |
| $[3]_4$ | $[3]_4$ | $[0]_4$ | $[1]_4$ | $[2]_4$ |

| $\circ$ | $[0]_4$ | $[1]_4$ | $[2]_4$ | $[3]_4$ |
|---|---|---|---|---|
| $[0]_4$ | $[0]_4$ | $[0]_4$ | $[0]_4$ | $[0]_4$ |
| $[1]_4$ | $[0]_4$ | $[1]_4$ | $[2]_4$ | $[3]_4$ |
| $[2]_4$ | $[0]_4$ | $[2]_4$ | $[0]_4$ | $[2]_4$ |
| $[3]_4$ | $[0]_4$ | $[3]_4$ | $[2]_4$ | $[1]_4$ |

Dabei stehen in einer Verknüpfungstafel in der Eingangsspalte der linke Summand (bzw. der linke Faktor) und in der Eingangzeile der rechte Summand (bzw. der rechte Faktor).

*Beispiel 2*: In der Lagerhalle eines Reparaturbetriebes wird der Bestand an verschiedenartigen Ersatzteilen zu einem Zeitpunkt $t_0$ durch ein „Zahlenrechteck" erfaßt. Es besteht aus $n$ Zeilen und $m$ Spalten, enthält also $n \cdot m$ Zahlen. Jede von ihnen gibt Auskunft darüber, wieviele Ersatzteile einer bestimmten Sorte im Lager vorhanden sind. Ein solches Zahlenrechteck heißt $(n, m)$-*Matrix*; die $n \cdot m$ Zahlen $a_{ik}$ nennt man die *Elemente der Matrix*. Werden sie durch Variable dargestellt, so ist die Nutzung von Doppelindizes zweckmäßig. Der erste Index $i$ eines Elementes $a_{ik}$ einer Matrix $\mathfrak{A}$ heißt *Zeilenindex*. Er gibt an, in welcher Zeile das Element steht. Der zweite Index $k$, der *Spaltenindex*, sagt aus, daß $a_{ik}$ zur $k$-ten Spalte gehört. So steht z. B. das Matrizenelement $a_{35}$ (lies: a-drei-fünf) in der 3. Zeile und in der 5. Spalte.

$$\downarrow k\text{-te Spalte}$$

$$i\text{-te Zeile} \rightarrow \begin{pmatrix} a_{11} & \cdots & a_{1k} & \cdots & a_{1m} \\ \vdots & & \vdots & & \vdots \\ a_{i1} & \cdots & a_{ik} & \cdots & a_{im} \\ \vdots & & \vdots & & \vdots \\ a_{n1} & \cdots & a_{nk} & \cdots & a_{nm} \end{pmatrix} \quad (n, m)\text{-Matrix}$$

Das Paar $(n, m)$ natürlicher Zahlen beschreibt den *Typ der Matrix*. So besitzt eine Matrix vom Typ $(4; 7)$ genau 4 Zeilen und 7 Spalten. Matrizen wollen wir mit großen deutschen Buchstaben $\mathfrak{A}$, $\mathfrak{B}$, $\mathfrak{C}$ ... bezeichnen. Zwei Matrizen $\mathfrak{A} = (a_{ik})$ und $\mathfrak{B} = (b_{ik})$ gleichen Typs $(n, m)$ sollen genau dann gleich sein, wenn sie elementweise übereinstimmen, d. h. wenn gilt: $a_{ik} = b_{ik}$ für $i = 1, 2, ..., n$ und $k = 1, 2, ..., m$. Die auf diese Weise definierte Gleichheit von Matrizen ist eine Äquivalenzrelation.

Zu- und Abgänge von Ersatzteilen, die in einem gewissen Zeitraum erfolgen, können ebenfalls durch eine $(n, m)$-Matrix beschrieben werden. Positive Zahlen charakterisieren die Zugänge, negative Zahlen die Abgänge, und die Zahl Null deutet an, daß keine Veränderungen eingetreten sind. Offenbar ergibt sich der „neue" Bestand zu einem Zeitpunkt $t_1$, indem man für jedes Ersatzteil zur ursprünglichen Anzahl diejenige Zahl addiert, die Zu- bzw. Abgänge dieses Teiles angibt. Dies bedeutet nichts anderes, als daß man die beiden Matrizen auf folgende

Weise addieren muß:

$$(3) \quad \begin{pmatrix} a_{11} & a_{12} & \dots & a_{1m} \\ a_{21} & a_{22} & \dots & a_{2m} \\ \hdotsfor{4} \\ a_{n1} & a_{n2} & \dots & a_{nm} \end{pmatrix} + \begin{pmatrix} b_{11} & b_{12} & \dots & b_{1m} \\ b_{21} & b_{22} & \dots & b_{2m} \\ \hdotsfor{4} \\ b_{n1} & b_{n2} & \dots & b_{nm} \end{pmatrix}$$

$$= \begin{pmatrix} a_{11} + b_{11} & a_{12} + b_{12} & \dots & a_{1m} + b_{1m} \\ a_{21} + b_{21} & a_{22} + b_{22} & \dots & a_{2m} + b_{2m} \\ \hdotsfor{4} \\ a_{n1} + b_{n1} & a_{n2} + b_{n2} & \dots & a_{nm} + b_{nm} \end{pmatrix}$$

bzw. in der Kurzschreibweise $(a_{ik}) + (b_{ik}) = (a_{ik} + b_{ik})$.
Offenbar ist die Summe zweier $(n, m)$-Matrizen, deren Elemente ganze Zahlen sind, wieder eine $(n, m)$-Matrix ganzer Zahlen. Man muß beachten, daß durch (3) eine Addition nur für Matrizen gleichen Typs definiert ist. So ist z. B.

$$\begin{pmatrix} 2 & 1 & 7 \\ 5 & 3 & 0 \end{pmatrix} + \begin{pmatrix} 9 & -1 & 8 \\ -4 & 0 & 11 \end{pmatrix} = \begin{pmatrix} 11 & 0 & 15 \\ 1 & 3 & 11 \end{pmatrix}.$$

Dagegen lassen sich die Matrizen $\begin{pmatrix} 2 & 1 \\ 3 & 0 \\ 4 & 7 \end{pmatrix}$ und $\begin{pmatrix} 2 & 1 & 9 & -3 \\ 5 & 1 & 8 & -4 \end{pmatrix}$ nach (3) nicht addieren.
Die Lagerbestandsproblematik erforderte zunächst, ganze Zahlen als Matrizenelemente vorzusehen. Löst man sich von dieser Sachbezogenheit, dann können auch rationale oder reelle Zahlen als Elemente zugelassen werden.
Matrizen mit reellen Zahlen als Elementen, die den Typ $(1, m)$ bzw. den Typ $(n, 1)$ haben, heißen *Zeilenvektoren* bzw. *Spaltenvektoren*. Durch (3) wird damit u. a. auch eine Addition solcher Vektoren erklärt.
Nun liegt die Frage nahe, ob man Matrizen auch „multiplizieren" kann. Wir müssen zunächst die Fragestellung präzisieren: Kann man – neben der Matrizenaddition – eine Operation für Matrizen definieren, welche zweckmäßig ist, d. h., die einerseits sinnvoll bei der Lösung von Problemen genutzt werden kann und die sich andererseits mit der bereits erklärten Matrizenaddition „verträgt"? Gehen wir wieder von einer konkreten Fragestellung aus: In einem Betrieb werden drei Zwischenprodukte $Z_1$, $Z_2$ und $Z_3$ hergestellt; für jedes wird eine bestimmte Menge des Rohstoffes $R_1$ und des Rohstoffes $R_2$ benötigt. Die Matrix $\mathfrak{A}$ gibt eine solche Verbrauchsübersicht an. Eine $(3; 2)$-Matrix $\mathfrak{B}$ charakterisiert, in welchem Umfang

die Zwischenprodukte bei der Herstellung der beiden End-
produkte $E_1$ und $E_2$ beteiligt sind.

$$\begin{array}{cc} & \begin{array}{ccc} Z_1 & Z_2 & Z_3 \end{array} \\ \begin{array}{c} R_1 \\ R_2 \end{array} & \begin{pmatrix} 12 & 4 & 3 \\ 2 & 8 & 7 \end{pmatrix} = \mathfrak{A} \end{array}$$

$$\begin{array}{cc} & \begin{array}{cc} E_1 & E_2 \end{array} \\ \begin{array}{c} Z_1 \\ Z_2 \\ Z_3 \end{array} & \begin{pmatrix} 1 & 5 \\ 4 & 2 \\ 7 & 11 \end{pmatrix} = \mathfrak{B} \end{array}$$

Will man nun wissen, wieviel Einheiten des Rohstoffes $R_1$ bei
der Herstellung des Endproduktes $E_1$ benötigt werden, so hat
man offenbar die Produkte $12 \cdot 1$, $4 \cdot 4$ und $3 \cdot 7$ zu addieren.
Auf entsprechende Weise kann man für jedes der beiden End-
produkte den Rohstoffbedarf bezüglich jeder der beiden Roh-
stoffsorten ermitteln und die Ergebnisse in einer (2; 2)-Matrix
darstellen. Die durch die Matrizen $\mathfrak{A}$ und $\mathfrak{B}$ gegebenen Daten
reichen dazu vollständig aus. Es kommt also nur noch darauf
an, die Verknüpfung der Matrizen $\mathfrak{A}$ und $\mathfrak{B}$ geeignet zu beschreiben. Bezüglich unseres Beispieles ergibt sich:

$$\begin{pmatrix} 12 & 4 & 3 \\ 2 & 8 & 7 \end{pmatrix} \cdot \begin{pmatrix} 1 & 5 \\ 4 & 2 \\ 7 & 11 \end{pmatrix}$$

$$= \begin{pmatrix} 12 \cdot 1 + 4 \cdot 4 + 3 \cdot 7 & 12 \cdot 5 + 4 \cdot 2 + 3 \cdot 11 \\ 2 \cdot 1 + 8 \cdot 4 + 7 \cdot 7 & 2 \cdot 5 + 8 \cdot 2 + 7 \cdot 11 \end{pmatrix} = \begin{pmatrix} 49 & 101 \\ 83 & 103 \end{pmatrix}$$

$$= \mathfrak{C}.$$

Aus der Produktmatrix $\mathfrak{C}$ läßt sich der Rohstoffbedarf ablesen.
Wir wollen uns noch einmal bewußt machen: Jedes Element
von $\mathfrak{C}$ ist eine Summe von Produkten aus Elementen von $\mathfrak{A}$
und $\mathfrak{B}$. Um das Element $c_{ij}$ in der $i$-ten Zeile und der $j$-ten
Spalte der Matrix $\mathfrak{C}$ zu erhalten, muß man die *i-te Zeile* von $\mathfrak{A}$
mit der *j-ten Spalte* von $\mathfrak{B}$ (in dieser Reihenfolge) „miteinander
multiplizieren". Wie jedes dieser Produkte „Zeile mal Spalte"
gebildet wird, prägt man sich gut an Hand der folgenden Darstellung ein:

$$\left(\overline{|a_{i1}\ a_{i2} \ldots a_{im}|}\right) \cdot \left(\begin{vmatrix} b_{1j} \\ b_{2j} \\ \vdots \\ b_{mj} \end{vmatrix}\right) = \left(\cdots \boxed{\sum_{k=1}^{m} a_{ik}b_{kj}} \cdots\right) = \left(\cdots \boxed{c_{ij}} \cdots\right).$$

Diese Definition der Matrizenmultiplikation kann auch kürzer geschrieben werden:

$$(4)\ (a_{ik}) \cdot (b_{kj}) = \left( \sum_{k=1}^{m} a_{ik}b_{kj} \right) = (c_{ij}).$$

Will man die $(n, m)$-Matrix $\mathfrak{A}$ nach (4) mit der $(r, s)$-Matrix $\mathfrak{B}$ multiplizieren, so muß der erste Faktor $\mathfrak{A}$ genau so viele Spalten haben wie der zweite Faktor $\mathfrak{B}$ Zeilen besitzt, d. h., es muß $m = r$ sein. Matrizen $\mathfrak{A}$, $\mathfrak{B}$ mit dieser Eigenschaft heißen (in dieser Reihenfolge) *verkettet*.

Gehen wir wieder davon aus, daß die Matrizenelemente reelle Zahlen sind, so haben wir in (4) die Matrizenmultiplikation mit Hilfe der Addition und der Multiplikation reeller Zahlen erklärt. Auf Beziehungen zwischen der Matrizenaddition und der Matrizenmultiplikation wird im Abschnitt 3.2. eingegangen.

*Beispiel 3*: Im Abschnitt 1.6. wurde die Nacheinanderausführung von Abbildungen erklärt. Ist $M$ eine beliebige nicht leere Menge und $T$ die Menge aller eineindeutigen Abbildungen von $M$ auf sich, dann wird durch die Nacheinanderausführung von Elementen aus $T$, den *Transformationen von M*, eine vollständige binäre Operation in $T$ eingeführt: Das Ergebnis der Nacheinanderausführung zweier Elemente $\varrho$ und $\tau$ aus $T$ ist diejenige Abbildung, die man erhält, wenn man auf jedes Element $a \in M$ zunächst $\varrho$ und auf das Bild $\varrho(a)$ die Abbildung $\tau$ anwendet.

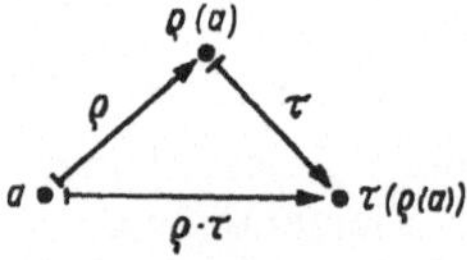


Wir verdeutlichen diesen allgemeinen Sachverhalt an Beispielen: Es sei $M$ die endliche Menge $\{1, 2, 3\}$. Dann besteht $T$ aus den sechs Abbildungen $\pi_1 = \begin{pmatrix} 123 \\ 123 \end{pmatrix}$, $\pi_2 = \begin{pmatrix} 123 \\ 132 \end{pmatrix}$, $\pi_3 = \begin{pmatrix} 123 \\ 213 \end{pmatrix}$, $\pi_4 = \begin{pmatrix} 123 \\ 231 \end{pmatrix}$, $\pi_5 = \begin{pmatrix} 123 \\ 312 \end{pmatrix}$ und $\pi_6 = \begin{pmatrix} 123 \\ 321 \end{pmatrix}$. Diese in Klammern gesetzten Zahlen sind keine Matrizen, wie sie im Beispiel 2 behandelt wurden, sondern Wertetabellen der Abbildungen $\pi_i$. Damit berechnet man z. B. $\pi_3 \circ \pi_5 = \begin{pmatrix} 123 \\ 213 \end{pmatrix} \circ \begin{pmatrix} 123 \\ 312 \end{pmatrix} = \begin{pmatrix} 123 \\ 132 \end{pmatrix} = \pi_2$.

Der Leser führe zur Übung weitere Abbildungen nacheinander aus, etwa $\pi_2$ und $\pi_4$ bzw. $\pi_4$ und $\pi_2$!

Besitzt $M$ die $n$ Elemente $1, 2, \ldots, n$, so besteht $T$ aus $1 \cdot 2 \cdot \ldots \cdot n = n!$ Abbildungen der Menge $M$ auf sich. Jede mögliche Anordnung $i_1, \ldots, i_n$ der $n$ voneinander verschiedenen Elemente aus $M$ in der Darstellung $\begin{pmatrix} 1 & 2 & \cdots & n \\ i_1 & i_2 & \cdots & i_n \end{pmatrix}$ beschreibt nämlich gerade ein Element von $T$.

Jede eineindeutige Abbildung einer *endlichen* Menge $M$ auf sich heißt eine *Permutation* von $M$.

Es sei $E$ die Menge aller Punkte einer Ebene. Aus der Menge aller eineindeutigen Abbildungen von $E$ auf sich wählen wir die Menge $B$ aller *Bewegungen* aus. Dies sind Verschiebungen, Drehungen, Geradenspiegelungen oder solche Abbildungen, die sich durch Nacheinanderausführung der genannten speziellen Abbildungen ergeben. Offenbar entsteht bei Nacheinanderausführung von Bewegungen wieder eine Bewegung – davon wird bereits in Klasse 6 Gebrauch gemacht. Durch die Nacheinanderausführung wird in $B$ eine vollständige binäre Operation erklärt. Wird eine Figur $\Phi$, also eine nichtleere Teilmenge von $E$, durch eine Bewegung $\varrho$ in eine Figur $\Phi$ überführt, so heißt $\Phi$ kongruent zu $\Phi$.

*Beispiel 4*: Wir betrachten die Menge $F$ aller über einem Intervall $[a, b]$ reeller Zahlen definierten Funktionen einer reellen Veränderlichen. In $F$ wird eine als Addition von Funktionen bezeichnete Operation $\oplus$ wie folgt definiert:

(5) $(f \oplus g)(x) = f(x) + g(x)$ für beliebige $f, g \in F$ und alle $x \in [a, b]$.

Die Addition von Funktionen ist also mit Hilfe der Addition ihrer Funktionswerte – dies sind reelle Zahlen – erklärt worden. Diese Operation nutzt man ständig, wenn Funktionen additiv zusammengesetzt werden. So kann z. B. $f(x) = mx + n$ als Summe der Funktionen $f_1(x) = mx$ und $f_2(x) = n$, die Funktion $g(x) = \sin x + \cos x$ als Summe der Funktionen $g_1(x) = \sin x$ und $g_2(x) = \cos x$ aufgefaßt werden (vgl. Abb. 28). Beschränkt man sich auf Funktionen, deren Definitionsbereich die Menge aller natürlichen Zahlen ist, also auf Folgen reeller Zahlen, so wird durch (5) gleichzeitig eine Addition von Zahlenfolgen erklärt, und man schreibt dann häufig:

(5') $(a_n) \oplus (b_n) = (a_n + b_n)$ für beliebige Folgen $(a_n)$, $(b_n)$.

Die Summe zweier Folgen $(a_n)$ und $(b_n)$ besteht also aus den Gliedern $a_1 + b_1$, $a_2 + b_2$, ..., $a_n + b_n$, ... Interessant ist, daß die Summe zweier konvergenter Folgen stets wieder eine konvergente Folge ist.

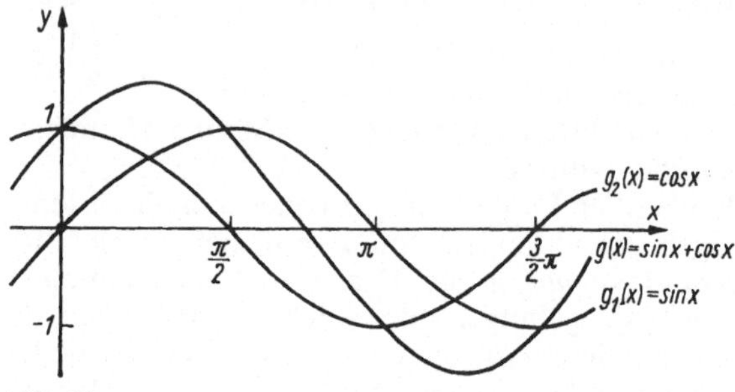


Abb. 28

*Beispiel 5*: Wir stellen schließlich noch einige Paare von Operationen zusammen.

Bereits im Abschnitt 1.4. fielen Analogien bezüglich der Eigenschaften der Operationen $\cap$ und $\cup$ auf. Es zeigt sich, daß derartige Übereinstimmungen auch bei anderen Beispielpaaren auftreten.

Es ist $T = \{1, 2, 3, 4, 6, 12\}$ die Menge aller natürlichen Zahlen, die Teiler von 12 sind. Das Bilden des größten gemeinsamen Teilers (bzw. des kleinsten gemeinsamen Vielfachen) zweier beliebiger Elemente aus $T$ ergibt stets wieder ein eindeutig bestimmtes Element aus $T$, d. h., in $T$ sind die beiden vollständigen Operationen $a \sqcap b = \mathrm{ggT}(a, b)$ und $a \sqcup b = \mathrm{kgV}(a, b)$ erklärt. Bereits beim Vergleich der beiden Verknüpfungstafeln für diese Operationen kann man interessante Entdeckungen machen.

In **P** werden mit dem Bilden des Maximums bzw. Minimums zweier reeller Zahlen die beiden Operationen $(a, b) \mapsto \max(a, b)$ und $(a, b) \mapsto \min(a, b)$ eingeführt. Jedem geordneten Paar $(a, b) \in$ **P** $\times$ **P** wird durch die Operation „max" bzw. „min" diejenige Zahl $a$ oder $b$ als „Ergebnis" zugeordnet, die nicht kleiner bzw. nicht größer als die andere ist.

Wie wir sahen, ist es nicht einfach, für jede „neue" Operation auch ein neues Verknüpfungszeichen zu finden. Oft haben wir auf bekannte Symbole (z. B. „·") zurückgegriffen, auch wenn es sich nicht um Operationen in Zahlenbereichen handelte. Wir werden von einem solchen Zugeständnis auch künftig Gebrauch machen und neuartige Verknüpfungssymbole nur dort verwenden, wo Verwechslungen zu befürchten sind.

# Ist 17,2% von 93,6 gleich 93,6% von 17,2?

**3.2. Eigenschaften von Operationen: Der Leser lernt Eigenschaften von Operationen kennen; er erfährt, unter welchen Bedingungen eine Operation kommutativ, assoziativ bzw. umkehrbar ist.**

Wir werden sehen, daß die in der Überschrift gestellte Frage leicht zu beantworten ist. Berechnet man nämlich $a$ Prozent von $b$, wobei $a$ und $b$ beliebige gebrochene Zahlen sind, dann wird dem geordneten Paar $(a, b)$ eindeutig die gebrochene Zahl $\dfrac{a \cdot b}{100}$ zugeordnet. Wir können die Berechnung des Prozentwertes also als vollständige Operation in R* auffassen, benutzen das Operationszeichen Ⓟ und schreiben $a \, Ⓟ \, b = \dfrac{a \cdot b}{100}$. Die oben gestellte Frage kann nun auf die allgemeinere zurückgeführt werden, ob für beliebige $a, b \in$ R* gilt: $a \, Ⓟ \, b = b \, Ⓟ \, a$. Ist das Ergebnis der Verknüpfung unabhängig von der Reihenfolge der „Operanden", so wird die Operation kommutativ genannt.

---

**Definition 3.2:** Eine vollständige Operation ∘ in einer Menge $M$ heißt *kommutativ* genau dann, wenn für alle $a, b \in M$ gilt: $a \circ b = b \circ a$.

---

Wir wissen, daß die Addition ganzer Zahlen und die Multiplikation gebrochener Zahlen zu den kommutativen Operationen gehören. Mit Hilfe der letztgenannten Tatsache läßt sich zeigen, daß auch die Operation Ⓟ in R* kommutativ ist: Es gilt $a \, Ⓟ \, b = \dfrac{a \cdot b}{100} = \dfrac{b \cdot a}{100} = b \, Ⓟ \, a$ für alle $a, b \in$ R*. Damit ist auch die in der Überschrift gestellte Frage beantwortet: Gilt nämlich $a \, Ⓟ \, b = b \, Ⓟ \, a$ für alle gebrochenen Zahlen $a$ und $b$, so gilt auch $17{,}2 \, Ⓟ \, 93{,}6 = 93{,}6 \, Ⓟ \, 17{,}2$. Hingegen folgt aus $2^4 = 4^2$ nicht, daß das Potenzieren natürlicher Zahlen eine

kommutative Operation ist; es lassen sich ja sofort Gegenbeispiele angeben.

Wir nennen nun einige weitere Beispiele für kommutative
Operationen:

Die Addition und die Multiplikation von Restklassen (vgl.
Beispiel 1 im Abschnitt 3.1.) sind Operationen mit dieser Eigenschaft. Für beliebige Restklassen $[a]_m$, $[b]_m$ gilt nämlich:

$$[a]_m + [b]_m = [a + b]_m = [b + a]_m = [b]_m + [a]_m \quad \text{und}$$

$$[a]_m \circ [b]_m = [a \cdot b]_m = [b \cdot a]_m = [b]_m \circ [a]_m.$$

Da die Addition und die Multiplikation von Restklassen mit
Hilfe der Addition und Multiplikation ganzer Zahlen definiert
wurden, liegt es nahe, den Nachweis von Eigenschaften dieser
Restklassen-Operationen durch Rückführen auf entsprechende
Eigenschaften der Verknüpfungen in G zu erbringen. Wir ver-
deutlichen dieses Prinzip noch an weiteren Beispielen:

Die Addition der über einem Intervall $I$ definierten reellen
Funktionen ist eine kommutative Operation. Sie wurde mit
Hilfe der Addition reeller Zahlen definiert; deshalb gilt $f \oplus g$
$= g \oplus f$ für beliebige Funktionen $f$ und $g$ aus $F$ wegen
$(f \oplus g)(x) = f(x) + g(x) = g(x) + f(x) = (g \oplus f)(x)$ für alle
$x \in I$. Man kann sich leicht überlegen, daß damit auch die
Addition von Folgen reeller Zahlen (wieder aufgefaßt als
spezielle Funktionen mit dem Definitionsbereich N) kommutativ ist.

Die im Beispiel 2 des Abschnittes 3.1. eingeführte Addition
von Matrizen gleichen Typs ist ebenfalls eine kommutative
Operation, denn es gilt:

$$(a_{ik}) + (b_{ik}) = (a_{ik} + b_{ik}) = (b_{ik} + a_{ik}) = (b_{ik}) + (a_{ik}).$$

Die Multiplikation von verketteten Matrizen wurde zwar mit
Hilfe der Addition und der Multiplikation reeller Zahlen – beides kommutative Operationen – definiert; die Vermutung, daß
aus diesem Grunde auch die Matrizenmultiplikation kommu-
tativ ist, erweist sich jedoch als falsch. Ist die Matrix $\mathfrak{A}$ etwa
vom Typ (2; 3) und die Matrix $\mathfrak{B}$ vom Typ (3; 4), so existiert
zwar das Produkt $\mathfrak{AB}$, es lassen sich jedoch die Matrizen $\mathfrak{B}$
und $\mathfrak{A}$ in dieser Reihenfolge nicht multiplizieren, da sie nicht
verkettet sind. Doch auch wenn man sich auf quadratische
Matrizen vom Typ $(n, n)$ beschränkt, lassen sich Gegenbeispiele

angeben, etwa:

$$\begin{pmatrix} 2 & 0 \\ 1 & -1 \end{pmatrix} \cdot \begin{pmatrix} 0 & 1 \\ -1 & 0 \end{pmatrix} = \begin{pmatrix} 0 & 2 \\ 1 & 1 \end{pmatrix}, \quad \text{aber}$$

$$\begin{pmatrix} 0 & 1 \\ -1 & 0 \end{pmatrix} \cdot \begin{pmatrix} 2 & 0 \\ 1 & -1 \end{pmatrix} = \begin{pmatrix} 1 & -1 \\ -2 & 0 \end{pmatrix}.$$

Die Nacheinanderausführung von Transformationen in einer Menge $M$ (vgl. Beispiel 2 im Abschnitt 3.1.) ist im allgemeinen eine nichtkommutative Operation, wie bereits die Verknüpfung der beiden folgenden Permutationen zeigt:

$$\begin{pmatrix} 1 & 2 & 3 \\ 2 & 3 & 1 \end{pmatrix} \circ \begin{pmatrix} 1 & 2 & 3 \\ 3 & 2 & 1 \end{pmatrix} = \begin{pmatrix} 1 & 2 & 3 \\ 2 & 1 & 3 \end{pmatrix}, \quad \text{aber}$$

$$\begin{pmatrix} 1 & 2 & 3 \\ 3 & 2 & 1 \end{pmatrix} \circ \begin{pmatrix} 1 & 2 & 3 \\ 2 & 3 & 1 \end{pmatrix} = \begin{pmatrix} 1 & 2 & 3 \\ 1 & 3 & 2 \end{pmatrix}.$$

Man kann die Kommutativität der Nacheinanderausführung jedoch für spezielle Mengen von Transformationen nachweisen, etwa für die Menge aller Verschiebungen einer Ebene oder auch für die Menge aller Drehungen einer Ebene um einen festen Punkt dieser Ebene.

Schließlich wollen wir uns noch bewußt machen, daß alle im Beispiel 5 des Abschnittes 3.1. genannten Operationen kommutativ sind, denn es gilt sicher z. B. $\mathrm{ggT}(a, b) = \mathrm{ggT}(b, a)$ für alle natürlichen Zahlen $a$, $b$, und $\max(x, y) = \max(y, x)$ für alle reellen Zahlen $x$ und $y$. Daß die beiden Operationen $\cap$ und $\cup$ kommutativ sind, wurde bereits im Abschnitt 1.4. dargestellt.

Hat man den Durchschnitt dreier Mengen $A$, $B$ und $C$ zu ermitteln, so kann man zunächst $A \cap B$ bilden und diese Menge zum Durchschnitt mit $C$ bringen. Aber man kann auch den Durchschnitt von $A$ mit dem zunächst ermittelten Durchschnitt $B \cap C$ berechnen. Es wäre ziemlich schlimm, würden beide Verfahren zu verschiedenen Resultaten führen. Die Aussage $(A \cap B) \cap C = A \cap (B \cap C)$ aus Satz S(1.2) jedoch beruhigt uns.

Ist eine Operation „unabhängig von der Beklammerung der einzelnen Operanden", wie z. B. auch die Vereinigung von Mengen oder die Addition und Multiplikation von reellen Zahlen, so heißt sie *assoziativ*.

---

**Definition 3.3:** Eine vollständige Operation $\circ$ in einer Menge $M$ heißt *assoziativ* genau dann, wenn für alle $a, b, c \in M$ gilt:

$(a \circ b) \circ c = a \circ (b \circ c)$.

---

Während bei assoziativen Operationen die Operanden beliebig zusammengefaßt und dann verknüpft werden können, muß man bei nichtassoziativer Operation stets die Konvention beachten, daß – sofern keine Klammern gesetzt sind – die Verknüpfungen schrittweise von links nach rechts ausgeführt werden sollen. So bedeutet $9 - 5 - 3$ dasselbe wie $(9 - 5) - 3$, ist dagegen von $9 - (5 - 3)$ zu unterscheiden.
Relativ einfach ist der Nachweis, daß die Addition und die Multiplikation von Restklassen assoziative Operationen sind. Auch die im Beispiel 4 des Abschnittes 3.1. eingeführte Addition von Funktionen besitzt diese Eigenschaft, denn es gilt:

$$((f \oplus g) \oplus h)(x) = (f \oplus g)(x) + h(x) = (f(x) + g(x)) + h(x)$$
$$= f(x) + (g(x) + h(x)) = f(x) + (g \oplus h)(x)$$
$$= (f \oplus (g \oplus h))(x)$$

für beliebige Funktionen $f$, $g$ und $h$ und alle $x \in I$.
Die Nacheinanderausführung von Permutationen, Drehungen oder Spiegelungen ist assoziativ, da sogar die Nacheinanderausführung von beliebigen Abbildungen diese Eigenschaft besitzt (vgl. Abschnitt 1.6.).
Untersuchen wir noch einige der im Beispiel 5 des Abschnittes 3.1. zusammengestellten Operationen. Für $\cap$ und $\cup$ wurde die Assoziativität bereits im Abschnitt 1.4. gezeigt. Es gilt aber auch

$$\max(a, \max(b, c)) = \max(\max(a, b), c) \quad (*) \quad \text{und}$$

$$\min(a, \min(b, c)) = \min(\min(a, b), c) \quad (\overset{*}{\underset{*}{}}).$$

In $(*)$ [bzw. $(\overset{*}{\underset{*}{}})$] wird nämlich in jedem der beiden Terme diejenige der drei Zahlen $a$, $b$ oder $c$ bestimmt, die nicht kleiner (bzw. nicht größer) als die anderen beiden ist.
Beim Nachweis der Assoziativität von „ggT" ist es nützlich, jede natürliche Zahl eindeutig als Produkt von Primzahlpotenzen darzustellen. Wir schreiben dabei eine natürliche Zahl $n$ als Produkt von Potenzen *aller* Primzahlen, wobei ein Exponent genau dann gleich Null ist, wenn $n$ die zugehörige

Primzahl nicht als Teiler besitzt. Beispielsweise ist

$14 = 2^1 \cdot 3^0 \cdot 5^0 \cdot 7^1 \cdot 11^0 \ldots$ und $20 = 2^2 \cdot 3^0 \cdot 5^1 \cdot 7^0 \cdot 11^0 \ldots$,

wobei durch ... angedeutet wird, daß alle weiteren Primzahlen mit dem Exponenten Null auftreten. Kommt in der Primzahlpotenzdarstellung von $a$ (bzw. $b$) die Primzahl $p$ mit dem Exponenten $\alpha_p$ (bzw. $\beta_p$) vor, so enthält die Primzahlpotenz-Darstellung des $\mathrm{ggT}(a, b)$ bekanntlich diese Primzahl mit dem Exponenten $\min(\alpha_p, \beta_p)$. Also gilt mit $a = \prod\limits_{i \in \mathsf{N}} p_i^{\alpha_i}$,

$$b = \prod_{i \in \mathsf{N}} p_i^{\beta_i} \quad \text{und} \quad c = \prod_{i \in \mathsf{N}} p_i^{\gamma_i} \quad \text{auch} \quad \mathrm{ggT}(\mathrm{ggT}(a, b), c)$$

$$= \prod_{i \in \mathsf{N}} p_i^{\min(\min(\alpha_i,\beta_i),\gamma_i)} = \prod_{i \in \mathsf{N}} p_i^{\min(\alpha_i,\min(\beta_i,\gamma_i))} = \mathrm{ggT}(a, \mathrm{ggT}(b, c)),$$

wobei wir die oben gezeigte Assoziativität der Minimumbildung ausgenutzt haben. Analog zeigt man, daß auch die Operation kgV assoziativ ist, wobei auf (∗) zurückgegriffen wird.

Addition und Multiplikation reeller Zahlen sind sowohl kommutativ als auch assoziativ; Subtraktion und Division besitzen keine dieser beiden Eigenschaften. Dennoch ist die Vermutung, Kommutativität und Assoziativität seien voneinander abhängige Eigenschaften einer Operation, falsch. Es gibt kommutative Operationen, die nicht assoziativ sind, z. B. das Bilden des arithmetischen Mittels zweier reeller Zahlen, und assoziative Operationen, die nicht kommutativ sind, z. B. die Nacheinanderausführung von Permutationen.

Unzulänglichkeiten beim Rechnen in einem Zahlenbereich sind häufig Anlaß für seine Erweiterung. Man stellt fest, daß gewisse Gleichungen im zur Verfügung stehenden Bereich keine Lösung besitzen. So sind z. B. in $\mathsf{N}$ weder alle Gleichungen der Form $a + x = b$ noch alle Gleichungen der Form $a \cdot y = b$ bei vorgegebenen $a, b \in \mathsf{N}$ in $\mathsf{N}$ lösbar. Man sagt dazu, daß Addition und Multiplikation in $\mathsf{N}$ nicht *umkehrbar* sind, d. h., daß zwar zwei Summanden (Faktoren) eindeutig ihre Summe (ihr Produkt) bestimmen, sich aber nicht umgekehrt aus einem Summanden und der Summe (aus einem Faktor und dem Produkt) stets der andere Summand (Faktor) bestimmen läßt.

---

**Definition 3.4:** Eine vollständige Operation ∘ in einer Menge $M$ heißt *umkehrbar* genau dann, wenn zu beliebigen $a, b \in M$ ein $x$ und ein $y$ aus $M$ existieren, so daß $a \circ x = b$ und $y \circ a = b$ gilt.

Die Multiplikation in der Menge der von Null verschiedenen rationalen Zahlen ist eine umkehrbare Operation. Dagegen besitzt die Multiplikation beliebiger reeller Zahlen diese Eigenschaft nicht, da z. B. die Gleichung $0 \cdot x = 17$ in $P$ keine Lösung hat. Die Eigenschaft der Umkehrbarkeit einer Operation $\circ$ ist gleichbedeutend mit der Forderung nach *Existenz von Lösungen* der in D(3.4) genannten Gleichungen, d. h., eine Operation $\circ$ ist in $M$ genau dann umkehrbar, wenn jede Gleichung $a \circ x = b$ und $y \circ a = b$ in $M$ mindestens eine Lösung besitzt.

Die Nacheinanderausführung von Transformationen einer Menge $M$ ist eine umkehrbare Operation. Zum Beweis geben wir zu vorgegebenen Transformationen $\varrho$ und $\tau$ eine Lösung der Gleichung $\varrho \cdot x = \tau$ an. Wegen $\varrho \cdot (\varrho^{-1} \cdot \tau) = (\varrho \cdot \varrho^{-1}) \cdot \tau = \tau$ erfüllt $x = \varrho^{-1}.\tau$ diese Bedingung. Dabei ist $\varrho^{-1}$ die inverse Abbildung von $\varrho$, und mit $\varrho$ und $\tau$ sind auch $\varrho^{-1}$ und $\varrho^{-1}.\tau$ Elemente der Menge $T$ aller Transformationen von $M$. Entsprechend zeigt man, daß auch jede Gleichung der Form $y \cdot \varrho = \tau$ mit $\varrho, \tau \in T$ in $T$ eine Lösung besitzt.

Damit ist auch die Nacheinanderausführung aller Permutationen einer endlichen Menge $M$ umkehrbar.

Die Matrizenaddition und die Addition von Funktionen sind umkehrbare Operationen. Es ist nicht schwierig, diese Behauptungen zu beweisen. Man nutzt dabei, daß die Addition reeller Zahlen diese Eigenschaft besitzt.

Auch die Restklassenaddition ist eine umkehrbare Operation, denn jede Gleichung $[a]_m + [x]_m = [b]_m$ ist durch $[x]_m = [b - a]_m$ lösbar, weil zu vorgegebenen ganzen Zahlen $a$ und $b$ die Gleichung $a + x = b$ in $G$ stets eine Lösung besitzt, nämlich $x = b - a$.

Daß die Restklassenmultiplikation bezüglich eines beliebigen Moduls $m$ nicht umkehrbar sein muß, zeigt folgendes Gegenbeispiel: Die Gleichung $[2]_4 \circ [x]_4 = [3]_4$ besitzt in der Menge aller Restklassen modulo 4 keine Lösung, denn sonst müßte ja eine ganze Zahl $x$ existieren, so daß $2x - 3 = 4g$ mit $g \in G$ gilt. Auf der linken Seite dieser Gleichung steht jedoch stets eine ungerade, auf der rechten Seite stets eine gerade Zahl.

Die folgenden Operationen sind ebenfalls *nicht umkehrbar*. Der Beweis erfolgt in jedem einzelnen Fall durch Angabe einer Gleichung, welche in der Trägermenge der jeweiligen Operation keine Lösung besitzt. Der Leser prüfe dies nach!

- Multiplikation quadratischer Matrizen

$$\begin{pmatrix} 0 & 1 \\ 0 & 2 \end{pmatrix} \cdot \begin{pmatrix} x & y \\ z & u \end{pmatrix} = \begin{pmatrix} 2 & 2 \\ 1 & 2 \end{pmatrix}.$$

- Bilden des Durchschnittes von Mengen

$$\{a, b, c\} \cap X = \{a, d\}.$$

- Bilden der Vereinigung von Mengen

$$\{a, b\} \cup X = \{a\}.$$

- Bilden des ggT zweier Zahlen in der Menge aller Teiler von 12

$$\mathrm{ggT}(4, x) = 6.$$

- Bilden des kgV zweier Zahlen in der Menge aller Teiler von 12

$$\mathrm{kgV}(4, x) = 2.$$

- Bilden des Maximums bzw. Bilden des Minimums zweier reeller Zahlen

$$\max(4, x) = 1,$$
$$\min(x, 3) = 100.$$

Es gibt umkehrbare Operationen, die nicht kommutativ sind, z. B. die Nacheinanderausführung von Transformationen, und auch umkehrbare Operationen, die nicht assoziativ sind, z. B. das Bilden des arithmetischen Mittels zweier rationaler Zahlen. Die Eigenschaft der Umkehrbarkeit ist also weder an die Kommutativität noch an die Assoziativität gebunden.

Aus der Gleichung $a + c = b + c$ darf auf $a = b$ geschlossen werden, d. h., der Summand $c$ darf auf beiden Seiten der Gleichung gestrichen werden. Auch die Gleichung $a \cdot c = b \cdot c$, in der $a, b, c$ ganze Zahlen sind, läßt sich zu $a = b$ verkürzen, falls $c$ eine von Null verschiedene Zahl ist.

---

**Definition 3.5**: Eine vollständige Operation $\circ$ in einer Menge $M$ heißt *kürzbare Operation* genau dann, wenn für beliebige $a, b, c \in M$ gleichzeitig (1) und (2) gelten:

(1) Aus $a \circ c = b \circ c$ folgt $a = b$.

(2) Aus $c \circ a = c \circ b$ folgt $a = b$.

---

Wie Kommutativität und Assoziativität ist auch die Kürzbarkeit eine Eigenschaft *einer* Operation; deshalb kann man den Übergang von $a \circ c = b \circ c$ zu $a = b$ nicht etwa durch eine „Division" beider Seiten der Gleichung durch $c$, d. h. durch Zuhilfenahme einer weiteren Operation motivieren.

Die in (1) und (2) der Definition D(3.5) ausgedrückte Regel wird mitunter – wenig zweckmäßig – *Kürzungsregel* genannt, obwohl sie mit dem Kürzen von Brüchen offensichtlich in keinem Zusammenhang steht.

Es ist klar, daß bei kommutativen Operationen aus der Bedingung (1) die Bedingung (2) folgt, und umgekehrt auch (2) die Forderung (1) nach sich zieht. Wie das oben genannte Beispiel bereits deutlich macht, folgt aus $a \cdot 0 = b \cdot 0$ nicht $a = b$. Es kann also der Fall eintreten, daß eine *Operation* nicht kürzbar ist, wohl aber *gewisse Elemente* ihrer Trägermenge stets „gestrichen" werden können. Man sagt dann, ein solches Element ist *regulär*. Die Zahl Null ist zwar bezüglich der Addition rationaler Zahlen regulär, nicht aber bezüglich der Multiplikation.

Während die Umkehrbarkeit einer Operation $\circ$ in einer Menge $M$ gleichbedeutend mit der Forderung nach Existenz von Lösungen linearer Gleichungen ist, garantiert die Kürzbarkeit die Eindeutigkeit von Lösungen. Wir können deshalb folgenden Satz formulieren:

---

**Satz 3.1:** Ist eine in einer Menge $M$ definierte Operation $\circ$ sowohl umkehrbar als auch kürzbar, so besitzt für beliebige $a, b \in M$ jede der Gleichungen $a \circ x = b$ und $y \circ a = b$ *genau eine* Lösung.

---

*Beweis*: Die Existenz von Lösungen ist durch die Eigenschaft der Umkehrbarkeit der Operation $\circ$ garantiert; zu zeigen bleibt die Eindeutigkeit. Angenommen, $a \circ x = b$ besäße zwei voneinander verschiedene Lösungen $x_1$ und $x_2$, so folgt aus $a \circ x_1 = b$ und $a \circ x_2 = b$ wegen der Gleichheit der rechten Seiten auch jene der linken Seiten: $a \circ x_1 = a \circ x_2$, und auf Grund der Kürzbarkeit $x_1 = x_2$ im Widerspruch zur Voraussetzung. Analog zeigt man, daß auch jede Gleichung der Form $y \circ a = b$ genau eine Lösung besitzt.

Die Nacheinanderausführung von Transformationen einer Menge $M$, aber auch die Addition von Restklassen, die Matrizenaddition und die Addition von Funktionen sind kürzbare Operationen. Um dies für die drei letztgenannten Operationen nachzuweisen, muß man nutzen, daß die Addition ganzer Zahlen (bzw. die Addition reeller Zahlen) eine kürzbare Operation ist. Wir zeigen dies am Beispiel der Addition aller über einem

Intervall $I$ definierten Funktionen: Laut Voraussetzung gilt $f \oplus g = h \oplus g$, also für alle $x \in I$: $(f \oplus g)(x) = (h \oplus g)(x)$. Hieraus folgt $f(x) + g(x) = h(x) + g(x)$, eine Gleichung für reelle Zahlen, und damit $f(x) = h(x)$ für alle $x \in I$, also $f = h$. Hingegen sind die folgenden Operationen nicht kürzbar, was durch Angabe je eines Gegenbeispieles bewiesen wird:

- Multiplikation quadratischer Matrizen

  Es gilt $\begin{pmatrix} 0 & 1 \\ 0 & 2 \end{pmatrix} \cdot \begin{pmatrix} 1 & 2 \\ 2 & 4 \end{pmatrix} = \begin{pmatrix} 4 & -1 \\ 2 & 1 \end{pmatrix} \cdot \begin{pmatrix} 1 & 2 \\ 2 & 4 \end{pmatrix}$, jedoch $\begin{pmatrix} 0 & 1 \\ 0 & 2 \end{pmatrix} \neq \begin{pmatrix} 4 & -1 \\ 2 & 1 \end{pmatrix}$.

- Bilden des Durchschnittes von Mengen

  Es gilt $\{a, c\} \cap \{a, b\} = \{a, d\} \cap \{a, b\}$, jedoch $\{a, c\} \neq \{a, d\}$.

- Multiplikation von Restklassen

  Es gilt $[0]_4 \circ [2]_4 = [0]_4 \circ [3]_4$, jedoch $[2]_4 \neq [3]_4$.

- Bilden des kgV in der Menge aller Teiler von 12

  Es gilt $\text{kgV}(3; 4) = \text{kgV}(6; 4)$, jedoch $3 \neq 6$.

- Bilden des Maximums reeller Zahlen

  Es gilt $\max(2; 17) = \max(1; 17)$, jedoch $2 \neq 1$.

Nun ist es sicher auch nicht mehr schwierig, Beispiele zu finden, die zeigen, daß das Bilden des ggT zweier natürlicher Zahlen, das Bilden der Vereinigung von Mengen sowie das Bilden des Minimums zweier reeller Zahlen keine kürzbaren Operationen sind.

Haben wir bisher Eigenschaften untersucht, die sich auf jeweils nur eine Operation bezogen, so interessiert uns nun noch eine Gesetzmäßigkeit, welche das „Zusammenspiel" zweier Operationen in einer Menge $M$ betrifft.

---

**Definition 3.6:** In einer Menge $M$ seien eine als „Multiplikation" bezeichnete vollständige Operation $\circ$ und eine als „Addition" bezeichnete vollständige Operation $\#$ definiert. Die Multiplikation heißt *distributiv* bezüglich der Addition genau dann, wenn für alle $a, b, c \in M$ gilt:

$a \circ (b \,\#\, c) = (a \circ b) \,\#\, (a \circ c)$ und
$(b \,\#\, c) \circ a = (b \circ a) \,\#\, (c \circ a)$.

In R ist die Multiplikation distributiv bezüglich der Addition, es gilt $a \cdot (b + c) = a \cdot b + a \cdot c$ und $(b + c) \cdot a = b \cdot a + c \cdot a$, d. h., man darf „ausklammern" und „ausmultiplizieren". Dagegen ist die Addition nicht distributiv bezüglich der Multiplikation. Die Formulierung in D(3.6) zeigt ja auch, daß die Beziehung „ist distributiv zu" nicht symmetrisch ist.

In den beiden Gleichungen der Definition D(3.6) wurden auf den rechten Seiten Klammern gesetzt; d. h., man hat erst die „Produkte" und dann die „Summe" der „Produkte" zu berechnen. Daß diese Klammern beim Rechnen mit Zahlen weggelassen werden können, liegt an der Vereinbarung, daß „Punktrechnung vor Strichrechnung" geht. Wir werden diese Konvention auch auf andere Operationen übertragen, wenn keine Mißverständnisse zu befürchten sind.

Die Restklassenmultiplikation verhält sich distributiv bezüglich der Restklassenaddition. Für beliebige Restklassen $[a]_m$, $[b]_m$ und $[c]_m$ gilt:

$$[a]_m \circ ([b]_m + [c]_m) = [a]_m \circ [b + c]_m = [a(b + c)]_m$$

$$= [a \cdot b + a \cdot c]_m = [a \cdot b]_m + [a \cdot c]_m$$

$$= [a]_m \circ [b]_m + [a]_m \circ [c]_m.$$

Der Leser überlege sich, welche Eigenschaften der Addition und Multiplikation ganzer Zahlen bei diesem kleinen Beweis benutzt wurden!

Im Beispiel 2 des Abschnittes 3.1. wurden – ausgehend von unterschiedlichen Fragestellungen aus dem Bereich der Ökonomie – eine Addition und eine Multiplikation für Matrizen erklärt, die diesen Problemstellungen angepaßt waren. Es überrascht deshalb, daß diese beiden scheinbar unabhängig voneinander definierten Operationen durch die Eigenschaft der Distributivität miteinander verbunden sind. Man verdeutliche sich diese Tatsache zunächst an Beispielen für spezielle (2; 2)-Matrizen!

Für beliebige Matrizen $\mathfrak{A}$, $\mathfrak{B}$ und $\mathfrak{C}$, wobei $\mathfrak{B}$ und $\mathfrak{C}$ vom gleichen Typ sind und $\mathfrak{A}$ mit $\mathfrak{B}$ verkettet ist, gilt:

$$(a_{ik}) \cdot ((b_{kj}) + (c_{kj})) = (a_{ik}) \cdot (b_{kj} + c_{kj}) = \left( \sum_{k=1}^{n} a_{ik}(b_{kj} + c_{kj}) \right)$$

$$= \left( \sum_{k=1}^{n} a_{ik}b_{kj} + \sum_{k=1}^{n} a_{ik}c_{kj} \right) = \left( \sum_{k=1}^{n} a_{ik}b_{kj} \right) + \left( \sum_{k=1}^{n} a_{ik}c_{kj} \right)$$

$$= (a_{ik}) \cdot (b_{kj}) + (a_{ik}) \cdot (c_{kj}).$$

Damit ist für eine der beiden in D(3.6) angegebenen Forderungen der Beweis erbracht. Daß Matrizenmultiplikation und Matrizenaddition auch der zweiten Gleichung genügen, kann analog gezeigt werden.

Im Satz S(1.2) des Abschnittes 1.4. wird deutlich, daß die Operationen ∩ und ∪ sogar *zueinander distributiv* sind. Es ist interessant, daß eine solche Symmetrie bezüglich der Eigenschaft der Distributivität auch bei den beiden anderen im Beispiel 5 des Abschnittes 3.1. eingeführten Paaren von Operationen vorliegt. Es gilt sowohl

$$\mathrm{ggT}(a, \mathrm{kgV}(b, c)) = \mathrm{kgV}(\mathrm{ggT}(a, b), \mathrm{ggT}(a, c)) \qquad \text{als auch}$$
$$\mathrm{kgV}(a, \mathrm{ggT}(b, c)) = \mathrm{ggT}(\mathrm{kgV}(a, b), \mathrm{kgV}(a, c)) \qquad \text{und sowohl}$$
$$\max(a, \min(b, c)) = \min(\max(a, b), \max(a, c)) \quad \text{als auch}$$
$$\min(a, \max(b, c)) = \max(\min(a, b), \min(a, c)).$$

Beweise bleiben dem Leser überlassen.

## Die schwierige Aufgabe des „Mannes in Schwarz"

**3.3. Elemente mit speziellen Eigenschaften: Von neutralen, absorbierenden und zueinander inversen Elementen.**

Er hat keine leichte Aufgabe, der „Mann in Schwarz", wie der Schiedsrichter – der „Neutrale" – bei einem Fußballspiel ja häufig auch genannt wird. Während jeder Spieler seine körperlichen Fähigkeiten und seine Willensqualitäten einsetzen kann, um seiner Mannschaft möglichst zum Sieg zu verhelfen, hat sich der Schiedsrichter neutral zu verhalten. Jede seiner Entscheidungen trifft er allein auf der Grundlage des Regelwerkes, seine mögliche Sympathie oder Antipathie gegenüber einer Mannschaft oder gegenüber einzelnen Spielern darf den Ausgang des Spieles nicht beeinflussen.

Addiert man ganze Zahlen, so spielt die Null die Rolle eines „Neutralen". Für jede beliebige ganze Zahl $g$ gilt $0 + g = g + 0 = g$, d. h., die Zahl Null beeinflußt andere Zahlen beim Addieren nicht. Man nennt 0 deshalb auch das *neutrale Element* bezüglich der Addition ganzer Zahlen.

Solche neutralen Elemente finden wir auch in anderen Gebilden. So verhält sich die Zahl 1 neutral beim Multiplizieren rationaler Zahlen – es gilt bekanntlich $1 \cdot a = a \cdot 1 = a$ für alle $a \in R$. Allerdings ist 1 nicht neutral bezüglich der Addition, genausowenig ist 0 neutrales Element bezüglich der Multiplikation. Ein Mann, der als Schiedsrichter bei Fußballspielen eingesetzt wird, kann ja auch als Spieler an einem Handballspiel teilnehmen, muß dort also durchaus nicht neutral sein.

---

**Definition 3.7:** Ein Element $n$ einer Menge $M$ heißt *neutrales Element bezüglich einer auf M definierten Operation* $\circ$ genau dann, wenn für alle $a \in M$ gilt:

$a \circ n = n \circ a = a$.

Gilt $a \circ n = a$ (bzw. $n \circ a = a$) für alle $a \in M$, so heißt $n$ *rechtsneutrales* (bzw. *linksneutrales*) *Element von* $\circ$.

---

Offenbar ist jedes neutrale Element sowohl rechtsneutrales als auch linksneutrales Element.

Wir versuchen, weitere neutrale Elemente aufzuspüren:

Mit $[0]_m$ bzw. $[1]_m$ existieren neutrale Elemente in der Menge aller Restklassen modulo $m$ bezüglich der Restklassenaddition bzw. der Restklassenmultiplikation. Der (einfache) Nachweis wird dem Leser selbst gelingen. Man nutzt dabei die Tatsache, daß 0 (bzw. 1) neutrales Element bezüglich der Addition (bzw. bezüglich der Multiplikation) ganzer Zahlen ist.

Bei der Addition von Matrizen gleichen Typs spielt die Matrix, deren Elemente sämtlich Null sind, die Rolle des neutralen Elementes, wie man unmittelbar einsieht. Wird die $(n, n)$-

$$\text{Matrix } \mathfrak{E} = \begin{pmatrix} 1 & 0 & \dots & 0 \\ 0 & 1 & \dots & 0 \\ \dots & \dots & \dots & \\ 0 & 0 & \dots & 1 \end{pmatrix} \text{ von links mit einer } (n, n)\text{-Matrix } \mathfrak{A}$$

multipliziert, so ergibt sich $\mathfrak{E} \cdot \mathfrak{A} = \mathfrak{A}$, denn beim Multiplizieren der $i$-ten Zeile von $\mathfrak{E}$ mit der $k$-ten Spalte von $\mathfrak{A}$ erhält man eine Summe von Produkten, die sämtlich gleich 0 sind, mit Ausnahme des Produktes $1 \cdot a_{ik}$. Auch wenn wir die Matrix $\mathfrak{E}$ von rechts mit $\mathfrak{A}$ multiplizieren, wird $\mathfrak{A}$ reproduziert: Es gilt sowohl $\mathfrak{E} \cdot \mathfrak{A} = \mathfrak{A}$ als auch $\mathfrak{A} \cdot \mathfrak{E} = \mathfrak{A}$, obwohl die Matrizenmultiplikation bekanntlich nicht kommutativ ist. Der Leser verdeutliche sich die Wirkung der Matrix $\mathfrak{E}$ beim Multiplizieren durch Untersuchung selbstgewählter Beispiele!

Sowohl in der Menge der Restklassen als auch in der Menge aller $(n, n)$-Matrizen sind zwei Operationen definiert, eine

„Addition" und eine „Multiplikation". Bezüglich jeder der beiden Operationen existiert jeweils ein neutrales Element. Zur besseren Unterscheidung nennt man ein neutrales Element bezüglich einer additiv geschriebenen Verknüpfung auch *Nullelement* und bezüglich einer multiplikativ geschriebenen Verknüpfung auch *Einselement*; in Analogie zu den Zahlen 0 und 1 recht suggestive Bezeichnungen für neutrale Elemente.

Die identische Abbildung $\iota$ ist ein Element der Menge $T$ aller Transformationen einer Menge $M$. Ist nun $\varphi$ ein beliebiges Element aus $T$, so gilt sowohl $(\iota \cdot \varphi)(a) = \varphi(\iota(a)) = \varphi(a)$ als auch $(\varphi \cdot \iota)(a) = \iota(\varphi(a)) = \varphi(a)$ für alle $a \in M$, d. h., $\iota \cdot \varphi = \varphi \cdot \iota = \varphi$. Also ist $\iota$ neutrales Element bezüglich der Nacheinanderausführung von Transformationen einer Menge $M$.

In der Menge aller Permutationen von drei Elementen kann ein neutrales Element durch $\pi_0 = \begin{pmatrix} 123 \\ 123 \end{pmatrix}$ dargestellt werden, in der Menge aller Verschiebungen einer Ebene auf sich durch die Verschiebung $\overrightarrow{PP}$ mit der „Verschiebungsweite" Null, und in der Menge aller Drehungen einer Ebene um einen Punkt dieser Ebene durch eine Drehung mit dem Drehwinkel der Größe Null.

Bezüglich der Addition der über einem Intervall $I$ definierten Funktionen besitzt die Funktion $n$ mit der Gleichung $n(x) = 0$ für alle $x \in I$ die Eigenschaft, neutrales Element zu sein. Ist nämlich $f$ ein beliebiges Element aus der Menge $F$ dieser Funktionen, so gilt: $(n \oplus f)(x) = n(x) + f(x) = 0 + f(x) = f(x)$ für alle $x \in I$ und damit $n \oplus f = f$ und, da $\oplus$ als kommutative Operation erkannt wurde, auch $f \oplus n = f$ für alle $f \in F$. Somit ist auch klar, wie eine Folge aussehen muß, welche die Rolle eines neutralen Elementes bezüglich der Addition von Folgen reeller Zahlen übernehmen soll.

In der Potenzmenge $\mathscr{P}(M)$ einer Menge $M$ ist die Menge $M$ selbst neutrales Element bezüglich der Operation $\cap$, und die leere Menge $\emptyset$ ist neutrales Element bezüglich der Operation $\cup$. Es gilt nämlich $A \cap M = M \cap A = A$ und $A \cup \emptyset = \emptyset \cup A = A$ für jede beliebige Menge $A$ aus $\mathscr{P}(M)$ [vgl. S(1.2)].

Dem interessierten Leser bleibt es überlassen, neutrale Elemente bezüglich der in der Menge aller Teiler einer natürlichen Zahl $t$ erklärten Operationen $\sqcap$ und $\sqcup$ zu finden und zu untersuchen, ob bezüglich der in P definierten Operationen „Bilden des Maximums zweier reeller Zahlen" bzw. „Bilden des Minimums zweier reeller Zahlen" neutrale Elemente existieren.

Nicht uninteressant ist, ein neutrales Element bezüglich der Operation ⊛ zu suchen.

Überlegen wir uns noch, ob es bezüglich der Addition ganzer Zahlen außer 0 noch ein weiteres neutrales Element gibt. Dies ist offenbar nicht der Fall, denn angenommen, es würde ein $n \in$ G mit $n \neq 0$ ebenfalls die Eigenschaft eines neutralen Elementes besitzen, so folgt aus $n + a = a$ für jedes $a \in$ G sofort $n = a - a = 0$ im Widerspruch zur Voraussetzung.

Wir können diese Aussage jedoch auch anders beweisen: Angenommen, neben 0 wäre $n$ neutrales Element bezüglich der Addition. Dann gilt neben $0 + n = n$ (∗) auch $0 + n = 0$ (⁎). Man nutzt einmal aus, daß 0 neutrales Element ist, zum anderen, daß $n$ nach (⁎) ein Element ist, das bezüglich der Addition alle Elemente, also auch 0, reproduziert. Da die linken Seiten der Gleichungen (∗) und (⁎) übereinstimmen, gilt dies auch für die rechten. Also folgt $n = 0$, d. h., es gibt bezüglich der Addition in G *genau* ein neutrales Element. Beim Vergleich beider Gedankengänge stellt man fest, daß beim ersten Beweis durch Einbeziehen der Subtraktion ganzer Zahlen mehr Hilfsmittel benutzt wurden als beim zweiten. Weil bei diesen letztgenannten Überlegungen keinerlei Eigenschaften der Addition ganzer Zahlen benötigt wurden, kann man diesen Gedankengang auch bezüglich einer beliebigen Operation ∘ nachvollziehen. Damit ist bewiesen: Eine Operation in einer Menge $M$ kann nicht mehr als ein neutrales Element besitzen.

Die oben genannte Überlegung gestattet noch eine weitere Folgerung: Besäße eine Operation ∘ sowohl ein rechtsneutrales Element $n_R$ als auch ein linksneutrales Element $n_L$, so müßten wegen $n_L \circ n_R = n_L$ (Wirkung des rechtsneutralen Elementes) und $n_L \circ n_R = n_R$ (Wirkung des linksneutralen Elementes) diese beiden Elemente übereinstimmen. Für eine Operation ∘ können also nur folgende Fälle eintreten:

∘ besitzt ein rechtsneutrales und kein linksneutrales Element,
∘ besitzt ein linksneutrales und kein rechtsneutrales Element,
∘ besitzt weder ein linksneutrales noch ein rechtsneutrales Element,
∘ besitzt genau ein neutrales Element.

Also gibt es in der Menge $F$ aller Funktionen bezüglich der Addition außer $n(x) = 0$ für alle $x \in I$ kein weiteres neutrales Element, und die identische Abbildung ist das einzige neutrale Element bezüglich der Nacheinanderausführung von Transformationen. Bei den untersuchten Beispielen war der Fall nicht aufgetreten, daß eine Operation nur ein rechtsneutrales, aber kein linksneutrales Element besitzt. Die Subtraktion natürlicher Zahlen ist eine solche, denn es gilt zwar $a - 0 = a$ für alle $a \in \mathsf{N}$, es existiert jedoch kein Element $n \in \mathsf{N}$ mit der Eigenschaft $n - a = a$ für jedes beliebige $a \in \mathsf{N}$.

Ein neutrales Element beeinflußt also beim Verknüpfen andere Elemente nicht. Es können aber auch spezielle Elemente auftreten, die sich bezüglich einer Operation genau umgekehrt verhalten: Beobachtet man die Wirkung der Null bei der Multiplikation reeller Zahlen, so stellt man fest, daß dieses Element alle anderen Zahlen „aufsaugt": Für jede reelle Zahl $x$ gilt: $0 \cdot x = x \cdot 0 = 0$.

---

**Definition 3.8:** Ein Element $a$ einer Menge $M$ heißt *absorbierendes Element bezüglich einer auf M definierten Operation* $\circ$ genau dann, wenn für alle $x \in M$ gilt:

$$a \circ x = x \circ a = a.$$

---

Die leere Menge $\emptyset$ tritt in $\mathscr{P}(M)$ als absorbierendes Element auf, wenn man sie bezüglich der Operation $\cap$ betrachtet, und die Menge $M$ hat diese Eigenschaft bezüglich der Vereinigungsbildung [vgl. S(1.2)]. In der Menge $M = \{1, 2, 3, 4, 6, 12\}$ ist bezüglich des Bildens des ggT die Zahl 1 absorbierendes Element. Ein solches kann in $M$ auch bezüglich der Operation kgV gefunden werden.

Besitzt eine Menge $M$ bezüglich einer auf $M$ erklärten assoziativen Operation $\circ$ ein neutrales Element $n$, so ist $\circ$ genau dann umkehrbar, wenn für jedes $a \in M$ die speziellen Gleichungen $a \circ x = n$ und $y \circ a = n$ lösbar sind. Ist nämlich $\circ$ umkehrbar, so sind *alle* Gleichungen der Form $a \circ x = b$ bzw. $y \circ a = b$ lösbar, also erst recht die obigen. Sind diese lösbar, etwa durch $x = \bar{a}_R$ bzw. $y = \bar{a}_L$, so kann man sofort auch Lösungen der allgemeinen Gleichungen angeben: $a \circ x = b$ hat dann als Lösung $x = \bar{a}_R \circ b$; $y \circ a = b$ als Lösung $y = b \circ \bar{a}_L$. Wir führen die Probe durch: $a \circ x = a \circ (\bar{a}_R \circ b) = (a \circ \bar{a}_R) \circ b = n \circ b = b$ bzw. $y \circ a = (b \circ \bar{a}_L) \circ a = b \circ (\bar{a}_L \circ a) = b \circ n = b$.

Deshalb ist es sinnvoll, nach den – offenbar nur von $a$ abhängigen – Lösungen von $a \circ x = n$ bzw. $y \circ a = n$ zu fragen. Beispielsweise gehört in $(\mathsf{G}, +)$ zu jeder ganzen Zahl $g$ als

Lösung von $g + x = 0$ bzw. $y + g = 0$ die ganze Zahl $(-g)$, und in $(R \setminus \{0\}, \cdot)$ ist über die Gleichung $r \cdot x = x \cdot r = 1$ der rationalen Zahl $r \neq 0$ die Zahl $x = \dfrac{1}{r}$ zugeordnet. Der Zahl 0 kann allerdings auf diese Weise keine rationale Zahl zugeordnet werden, da die Gleichung $0 \cdot x = x \cdot 0 = 1$ keine Lösung besitzt.

---

**Definition 3.9:** Es seien $\circ$ eine in einer Menge $M$ definierte Operation und $n$ neutrales Element bezüglich $\circ$.

Ein Element $\bar{a} \in M$ heißt *inverses Element von a bezüglich* $\circ$ genau dann, wenn gilt:

$a \circ \bar{a} = \bar{a} \circ a = n$. (*)

Gilt $a \circ \bar{a} = n$ (bzw. $\bar{a} \circ a = n$), so heißt $\bar{a}$ *rechtsinverses* (bzw. *linksinverses*) *Element von a bezüglich* $\circ$.

---

Offenbar ist $\bar{a}$ inverses Element von $a$ genau dann, wenn es sowohl rechtsinverses als auch linksinverses Element von $a$ ist. Bei kommutativen Operationen fallen die Begriffe „rechtsinvers" und „linksinvers" zusammen.

Die Einführungsbeispiele legen die Vermutung nahe, daß es zu einem Element $a$ höchstens ein inverses Element gibt. Wir werden die Richtigkeit dieser Vermutung bezüglich assoziativer Operationen im Abschnitt 4.2. nachweisen.

Wegen des symmetrischen Aufbaus der Gleichung (*) treten $a$ und $\bar{a}$ völlig gleichberechtigt auf, d. h., ist $\bar{a}$ inverses Element von $a$, so ist auch $a$ inverses Element von $\bar{a}$.

Das zu $a$ inverse Element $\bar{a}$ pflegt man häufig mit $a^{-1}$ (bzw. mit $-a$ bei additiver Schreibweise) zu bezeichnen; eine Verwechslung mit der Potenz $a^{-1}$ ist nicht zu befürchten, wie später gezeigt wird.

Wenn wir nach weiteren Paaren zueinander inverser Elemente fahnden wollen, müssen wir uns auf die Untersuchung solcher Operationen beschränken, die ein neutrales Element besitzen. In der Menge der Restklassen modulo 4 findet man bezüglich der Addition zu jedem Element genau ein anderes, so daß deren Summe die Restklasse $[0]_4$ ergibt: $[0]_4 + [0]_4 = [0]_4$, $[1]_4 + [3]_4 = [3]_4 + [1]_4 = [0]_4$ und $[2]_4 + [2]_4 = [0]_4$. Dagegen existiert keine Restklasse modulo 4, die Lösung der Gleichung $[2]_4 \circ [x]_4 = [1]_4$ ist, d. h., die Restklasse $[2]_4$ besitzt bezüglich der Multiplikation von Restklassen kein inverses Element. Jede $(n,m)$-Matrix $(a_{ik})$ besitzt bezüglich der Matrizenaddition ein inverses Element, nämlich die Matrix $(-a_{ik})$, denn offenbar gilt

$$(a_{ik}) + (-a_{ik}) = (a_{ik} + (-a_{ik})) = (0).$$

In der Menge aller $(n,n)$-Matrizen reeller Zahlen existieren sowohl Elemente, die bezüglich der Matrizenmultiplikation ein inverses Element, d. h. eine *inverse Matrix*, besitzen, als auch solche, zu denen man keines finden kann. Wir betrachten dazu zwei Beispiele: Zur Matrix $\mathfrak{A} = \begin{pmatrix} 2 & 1 \\ -1 & 1 \end{pmatrix}$ ist die Matrix $\mathfrak{A}^{-1} = \begin{pmatrix} \frac{1}{3} & -\frac{1}{3} \\ \frac{1}{3} & \frac{2}{3} \end{pmatrix}$ invers; es gilt $\mathfrak{A} \cdot \mathfrak{A}^{-1} = \mathfrak{A}^{-1} \cdot \mathfrak{A} = \mathfrak{E}$. Der Leser überprüfe dies! Zur Matrix $\mathfrak{B} = \begin{pmatrix} 1 & 2 \\ -1 & -2 \end{pmatrix}$ exitieert dagegen keine inverse Matrix. Das läßt sich überprüfen, indem man versucht, die Matrizengleichung

$$\begin{pmatrix} 1 & 2 \\ -1 & -2 \end{pmatrix} \cdot \begin{pmatrix} a & b \\ c & d \end{pmatrix} = \begin{pmatrix} 1 & 0 \\ 0 & 1 \end{pmatrix},$$

die auf ein System von vier linearen Gleichungen mit den vier Variablen $a$, $b$, $c$ und $d$ führt, zu lösen.

Besitzt eine Matrix $\mathfrak{A}$ eine inverse Matrix, so nennt man sie *regulär*, andernfalls heißt $\mathfrak{A}$ eine *singuläre Matrix*. Zu den singulären Matrizen gehören u. a. diejenigen, die Zeilen oder Spalten enthalten, welche nur die Zahl 0 als Element besitzen, und solche, bei denen eine Zeile bzw. eine Spalte ein Vielfaches einer anderen Zeile bzw. Spalte ist, wie dies bei dem oben angegebenen Beispiel der Fall ist.

Bezüglich der Nacheinanderausführung von Transformationen besitzt jedes Element ein inverses. Man kann zeigen: Das inverse Element einer Verschiebung ist eine Verschiebung, das inverse Element einer Drehung um einen Punkt $P_0$ ist eine Drehung um $P_0$, das inverse Element einer Bewegung ist eine Bewegung.

Während es bezüglich der Addition von Funktionen zu jeder Funktion $f$ ein inverses Element gibt, z. B. ist $f(x) = -3x + \sin x$ und $g(x) = 3x - \sin x$ ein solches Paar, finden wir bezüglich der im Beispiel 5 des Abschnittes 3.1. angegebenen Operationen Elemente, die diese Eigenschaft nicht besitzen. So existiert in der Menge aller Teiler von 12 bezüglich des Bildens des ggT kein zu 4 inverses Element. Die Gleichung $\{a, b, c\} \cup X = \emptyset$ besitzt in $\mathscr{P}(M)$ keine Lösung, also gibt es dort keine Menge, die bezüglich der Operation $\cup$ invers zur Menge $\{a, b, c\}$ ist. Es wird dem Leser nicht schwerfallen, weitere solche Beispiele zu konstruieren.

## Respekt wird belohnt

**3.4. Kongruenzrelationen: Der Leser erfährt, unter welchen Bedingungen eine Äquivalenzrelation Operationen respektiert und wie man zwischen den Klassen einer Zerlegung auf natürliche Weise eine Verknüpfung definieren kann.**

Jede natürliche Zahl $n$ gehört entweder zur Menge $P$ der Primzahlen oder zur Menge $\overline{P}$ der Nichtprimzahlen. N zerfällt vollständig in die beiden Klassen $P$ und $\overline{P}$. Überprüfen wir an Beispielen, welchen „Respekt" diese Zerlegung $\mathfrak{Z}$ von N vor der Addition natürlicher Zahlen hat:

$$2 + 3 = 5 \qquad 12 + 1 = 13 \qquad 7 + 6 = 13$$
$$3 + 5 = 8 \qquad 4 + 6 = 10 \qquad 11 + 9 = 20.$$

Wir stellen fest: Die Summe zweier Primzahlen kann sowohl ein Element von $P$ als auch von $\overline{P}$ sein; auch die Summe zweier Nichtprimzahlen kann sowohl ein Element von $P$ als auch von $\overline{P}$ sein. Addiert man schließlich eine Primzahl zu einer Nichtprimzahl, so kann die Summe wiederum in jeder der beiden Klassen liegen. Unsere Zerlegung $\mathfrak{Z}$ hat keinerlei Respekt vor der Addition natürlicher Zahlen. Ob $\mathfrak{Z}$ wenigstens die Multiplikation respektiert?

Wählen wir eine andere Zerlegung durch Einteilung der Menge G der ganzen Zahlen in die Klasse $K_n$ der negativen Zahlen, die Klasse $K_p$ der positiven Zahlen und in die Klasse $K_0$, die nur die Null enthält. Überprüfen wir nun das Verhalten dieser Zerlegung bezüglich der Addition. Zwar ist die Summe zweier negativer Zahlen stets negativ, die Summe zweier positiver Zahlen stets positiv und die Summe zweier Elemente aus $K_0$ stets ein Element aus $K_0$, doch sobald Elemente verschiedener Klassen beim Addieren aufeinandertreffen, können „Undiszipliniertheiten" auftreten:

$$((-3), (+2)) \rightarrow (-1) \in K_n, \qquad ((-3), (+4)) \rightarrow (+1) \in K_p,$$
$$((-3), (+3)) \rightarrow 0 \in K_0.$$

Während unsere Zerlegung vor der Addition nicht genügend Respekt hat, ordnet sie sich der Multiplikation unter, denn für beliebige $a, b \in \mathrm{G}^+$ mit $a \neq 0$ und $b \neq 0$ gilt:

$$(+a) \cdot (-b) \in K_n \qquad 0 \cdot (+a) \in K_0 \qquad 0 \cdot 0 \in K_0.$$

$$(-a) \cdot (+b) \in K_n \qquad (+a) \cdot 0 \in K_0$$

$$(-a) \cdot (-b) \in K_p \qquad 0 \cdot (-a) \in K_0$$

$$(+a) \cdot (+b) \in K_p \qquad (-a) \cdot 0 \in K_0$$

Folglich hängt die Zugehörigkeit des Produktes zweier ganzer Zahlen zu einer der Klassen nur von der Klassenzugehörigkeit der Faktoren ab, nicht aber von der speziellen Wahl der Faktoren innerhalb einer Klasse.

Kommen wir schließlich noch einmal auf die Zerlegung der Menge G aller ganzen Zahlen in Restklassen nach der Äquivalenzrelation „kongruent modulo $m$" zurück. Im Beispiel 1 des Abschnittes 3.1. wurde bereits gezeigt, daß die Addition ganzer Zahlen von der Restklassenbildung bzw. von der sie erzeugenden Äquivalenzrelation respektiert wird: Mit $a', a'' \in [a]_m$ und $b', b'' \in [b]_m$ liegen auch $a' + b'$ und $a'' + b''$ in derselben Restklasse, nämlich in $[a + b]_m$. Unter den gleichen Voraussetzungen folgt mit $a' \equiv a'' \bmod m$ und $b' \equiv b'' \bmod m$ bzw. $a' = a'' + gm$ und $b' = b'' + hm$ nach Multiplikation der beiden letzten Gleichungen

$$a' \cdot b' = a'' \cdot b'' + m(a'' \cdot h + b'' \cdot g + mgh), \quad \text{d. h.,}$$

$$a' \cdot b' \equiv a'' \cdot b'' \bmod m.$$

Wenn also $a'$ und $a''$ sowie $b'$ und $b''$ in der gleichen Restklasse liegen, so gilt dies auch für $a' \cdot b'$ und $a'' \cdot b''$. Die Äquivalenzrelation „kongruent modulo $m$" in G besitzt also die Eigenschaft, Addition und Multiplikation ganzer Zahlen zu respektieren; man nennt eine solche Relation auch *Kongruenzrelation*.

---

**Definition 3.10:** Eine Äquivalenzrelation $R$ in der Menge $M$ heißt *Kongruenzrelation* in der Struktur $(M, \circ)$ genau dann, wenn die Relation $R$ die Operation $\circ$ respektiert. d. h., wenn für alle $a, b, a', b' \in M$ gilt:

Aus $aRa'$ und $bRb'$ folgt $(a \circ b)\, R(a' \circ b')$.

Respekt wird belohnt! Diese Verträglichkeit der Relation „kongruent modulo $m$" mit Addition bzw. Multiplikation ganzer Zahlen gestattet es, in der Menge der Restklassen auf natürliche Weise eine neue Operation zu definieren. Am Beispiel 1 des Abschnittes 3.1. haben wir dies bereits demonstriert: Die Restklassen bilden die Trägermenge für die neuen Operationen. Zwei Restklassen werden addiert bzw. multipliziert, indem man aus jeder der beiden Restklassen eine beliebige ganze Zahl (einen Repräsentanten) wählt und diese addiert bzw. multipliziert. Jede so erhaltene ganze Zahl legt eindeutig und unabhängig von den Repräsentanten eine Restklasse fest, die als Summe bzw. als Produkt der Restklassen definiert wird. Auf diese Weise werden in der durch die Äquivalenzrelation „kongruent modulo $m$" erzeugten Quotientenmenge $G/R$ Operationen definiert; der Menge $G/R$ wird eine Struktur aufgeprägt: Unter Nutzung von $(G, +, \cdot)$ und $R$ erhält man $(G/R, +, \circ)$.

Die oben vorgenommene Zerlegung von $G$ in die Klassen $K_0$, $K_n$, $K_p$ wird durch eine Äquivalenzrelation hervorgerufen, die sich als mit der Multiplikation ganzer Zahlen verträglich erwiesen hat. Deshalb kann man nach dem gleichen Prinzip in der Menge $\{K_0, K_n, K_p\}$ repräsentantenweise eine Multiplikation $\circ$ erklärt werden (vgl. Tabelle).

| $\circ$ | $K_0$ | $K_n$ | $K_p$ |
|---|---|---|---|
| $K_0$ | $K_0$ | $K_0$ | $K_0$ |
| $K_n$ | $K_0$ | $K_p$ | $K_n$ |
| $K_p$ | $K_0$ | $K_n$ | $K_p$ |

Wir abstrahieren erneut: Ist die Äquivalenzrelation $R$ in $M$ sogar eine Kongruenzrelation in $(M, \circ)$, so kann zwischen den Äquivalenzklassen der Quotientenmenge $M/R$ eine Operation $\odot$ repräsentantenweise definiert werden:

$$K_x \odot K_y = K_z \Leftrightarrow x \circ y = z.$$

Natürlich kann man statt $x$, $y$ auch andere Repräsentanten $x'$, $y'$ der Äquivalenzklassen $K_x$, $K_y$ wählen; die Eigenschaft von $R$ als Kongruenzrelation sichert, daß $x' \circ y' = z'$ gewiß wieder der Klasse $K_z$ angehört.

Man nennt $(M/R, \odot)$ die *Quotientenstruktur*, die *Faktorstruktur* oder auch die *Restklassenstruktur* von $(M, \circ)$ bezüglich $R$.

Wir haben am Beispiel 1 des Abschnittes 3.2. bereits festgestellt, daß sich viele Eigenschaften der Operation $\circ$ in $M$ auf die Operation $\odot$ in $M/R$ übertragen. In den folgenden Abschnitten werden wir dafür eine Erklärung finden.

## 3.5. Aufgaben

1. Man untersuche, ob die Einschränkung der Addition von Zahlenfolgen auf die Teilmengen $M_i$ ($i = 1, 2, 3$) vollständige Operationen sind.
   a) $M_1$: Menge der arithmetischen Folgen;
   b) $M_2$: Menge der geometrischen Folgen;
   c) $M_3$: Menge der monoton wachsenden Folgen.

2. Man überprüfe, ob die durch die untenstehenden Verknüpfungstafeln definierten Operationen $\circ_1$ und $\circ_2$ kommutativ bzw. umkehrbar sind und ob sie ein neutrales Element besitzen.

| $\circ_1$ | $a$ | $b$ | $c$ | $d$ |
|---|---|---|---|---|
| $a$ | $a$ | $b$ | $c$ | $d$ |
| $b$ | $b$ | $a$ | $d$ | $c$ |
| $c$ | $c$ | $d$ | $a$ | $b$ |
| $d$ | $d$ | $c$ | $b$ | $a$ |

| $\circ_2$ | $a$ | $b$ | $c$ | $d$ |
|---|---|---|---|---|
| $a$ | $d$ | $b$ | $c$ | $a$ |
| $b$ | $b$ | $b$ | $b$ | $b$ |
| $c$ | $c$ | $b$ | $d$ | $c$ |
| $d$ | $a$ | $b$ | $c$ | $d$ |

3. Man beweise:
   $$\max (a, \min (b, c)) = \min (\max (a, b), \max (a, c)) \quad \text{und}$$
   $$\min (a, \max (b, c)) = \max (\min (a, b), \min (a, c)).$$

4. Es sei $\circ_3$ diejenige Operation in $N \setminus \{0\}$, die den natürlichen Zahlen $a \neq 0$, $b \neq 0$ die natürliche Zahl zuordnet, deren Zifferndarstellung durch Hintereinandersetzen der Ziffern von $a$ und (dann) von $b$ entsteht. (Beispiel: $a = 14$, $b = 156$, $a \circ_3 b = 14156$)
   Man zeige, daß $\circ_3$ assoziativ, aber nicht kommutativ ist. Man untersuche, ob $\circ_3$ umkehrbar ist und ob für $\circ_3$ die Kürzbarkeit gilt. Besitzt $N \setminus \{0\}$ ein bezüglich $\circ_3$ linksneutrales (ein rechtsneutrales) Element?

5. In der Menge $E$ aller Punkte einer Ebene wird folgende Operation definiert: $P \triangle Q$ sei der dritte Punkt $T$ eines gleichseitigen Dreiecks $PQT$ im mathematisch positiven Drehsinn, falls $P \neq Q$; im Falle $P = Q$ sei $P \triangle Q = P$.

Man untersuche $\triangle$ auf Kommutativität, Assoziativität und Umkehrbarkeit. Ist $\triangle$ kürzbar?

6. Die folgenden „Mittelbildungen" zweier Zahlen können als Operationen aufgefaßt werden:
Arithmetisches Mittel rationaler Zahlen:

$$a \circ_4 b = \frac{a + b}{2}$$

Geometrisches Mittel nichtnegativer reeller Zahlen:

$$a \circ_5 b = \sqrt{a \cdot b}$$

Harmonisches Mittel positiver reeller Zahlen:

$$a \circ_6 b = \frac{2ab}{a + b}.$$

Man untersuche diese Operationen auf Kommutativität, Assoziativität und Umkehrbarkeit und überprüfe, ob unter ihnen eine auftritt, die kürzbar ist. Man beweise, daß keine der Operationen ein neutrales Element besitzt und daß bezüglich jeder Operation jedes Element idempotent ist, d. h. daß gilt: $a \circ_4 a = a \circ_5 a = a \circ_6 a = a$ für alle in Frage kommenden $a$.

7. Man beweise die Assoziativität der Operationen $\sqcap$ und $\sqcup$ unter Nutzung der Beziehung: $a = b \Leftrightarrow a \mid b$ und $b \mid a$.

8. Welche der folgenden Operationen besitzt ein linksneutrales, welche ein rechtsneutrales und welche ein neutrales Element?

$a \uparrow b = a^b$ in $N / \{0\}$,     $a \square b = |a - b|$ in $R^*$,
$a \circ b = a + b + 7$ in $G$.

9. Wenn $\circ$ eine kürzbare Operation ist, so muß $\circ$ nicht umkehrbar sein. Man belege dies durch Betrachtung der Operation $a \uparrow b = a^b$ in $N \setminus \{0; 1\}$.

10. Gegeben seien folgende Verknüpfungsgebilde (Menge mit Operation):
   a) $(G, \circ)$ mit $a \circ b = a - b$
   b) $(N \setminus \{0\}, \circ)$ mit $a \circ b = a^b$
   c) $(G, \circ)$ mit $a \circ b = 2a + b$
   d) $(G, \circ)$ mit $a \circ b = a + b - a \cdot b$
   e) $(N, \circ)$ mit $a \circ b = a$
   f) $(N, \circ)$ mit $a \circ b = 0$.

Man untersuche, welche der Operationen kommutativ, welche assoziativ sind.

Man beweise: Die Operationen in b), d), e) und f) sind nicht umkehrbar, und in c) ist jede Gleichung $a \circ x = c$ eindeutig lösbar, aber nicht jede Gleichung $y \circ b = c$ lösbar.

Bezüglich welcher der Operationen existiert ein neutrales Element?

11. Gegeben sei ein Rechteck mit dem Mittelpunkt $M$ und den Symmetrieachsen $g_p$ und $g_q$. Es sei $m$ die Punktspiegelung an $M$, $p$ bzw. $q$ die Geradenspiegelung an $g_p$ bzw. $g_q$, und $n$ die identische Abbildung. Man stelle eine Verknüpfungstafel bezüglich der Nacheinanderausführung dieser vier Abbildungen des Rechtecks auf sich auf.

Man berechne $p \cdot \overset{*}{p} \cdot q \cdot n \cdot m \cdot n \cdot q \cdot m \cdot p$ durch inhaltliche Überlegungen und nach der Verknüpfungstafel.

Man löse das Gleichungssystem $\quad x \cdot y \quad\ = p$
$$y \cdot x^2 \cdot q = m \cdot y^2.$$

Welche interessanten Regeln sind beim Rechnen mit diesen speziellen Abbildungen zu entdecken?

12. Man löse die Matrizengleichung $\mathfrak{A}\mathfrak{X} + \mathfrak{B}\mathfrak{X} = \mathfrak{C} + \mathfrak{D}$

mit $\mathfrak{A} = \begin{pmatrix} 1 & 2 \\ 0 & 1 \end{pmatrix}$, $\quad \mathfrak{B} = \begin{pmatrix} 1 & -2 \\ -1 & 0 \end{pmatrix}$, $\quad \mathfrak{C} = \begin{pmatrix} 1 & 1 \\ 0 & 1 \end{pmatrix}$,

$\mathfrak{D} = \begin{pmatrix} 1 & -3 \\ 0 & 2 \end{pmatrix}$.

Welche Eigenschaft der Matrizenoperationen benutzt man beim Lösen?

Welche der Matrizen sind regulär?

# 4. Algebraische Strukturen

## Vor dem Gesetz sind alle gleich

### 4.1. Gruppe, Ring und Körper: Einführung und Erläuterung dieser Begriffe.

In den Abschnitten 3.1. bis 3.3. haben wir eine große Zahl von Gebilden, d. h. Mengen mit Operationen, untersucht. Dabei interessierten wir uns vor allem für solche Eigenschaften, die das Wirken der Operation(en) in der Menge $M$ regeln. Beispielsweise stellten wir nicht die Frage, ob $M$ endlich oder unendlich ist, denn dies ist unabhängig von den Eigenschaften einer in $M$ definierten Operation. Aber wir fragten, ob $M$ bezüglich der Operation abgeschlossen ist, d. h., ob das „Produkt" zweier Elemente aus $M$ wieder ein Element aus $M$ ist. Es interessierte uns im genannten Zusammenhang auch die konkrete Natur der Elemente der Menge $M$ wenig, wohl aber, ob unter ihren Elementen eines ist, das bezüglich der Operation eine neutrale Rolle spielt. Mustert man möglichst viele in der Mathematik auftretende Gebilde nach solchen typischen Eigenschaften durch, so findet man Gemeinsamkeiten, die es lohnend erscheinen lassen, gewissen Gebilden mit bestimmten Eigenschaften einen Namen zu geben. Dabei wird von der konkreten Natur der Elemente der Menge $M$ ebenso abgesehen wie von der konkreten Natur der in $M$ definierten Operation(en). Wir interessieren uns nur für die Gesetze, welche das Wirken der Operation in $M$ regeln. Ein solches „Gesetzbuch" definiert eine *algebraische Struktur*. Wir werden dies nun gleich an der wichtigen algebraischen Struktur einer „Gruppe" illustrieren. Jedes konkrete Gebilde ist dann „vor dem Gesetz gleich"; entweder es erfüllt die Bedingungen des Gesetzbuches für Gruppen, dann ist es eine (konkrete) Gruppe, oder es erfüllt die Gesamtheit der Bedingungen, auch *Axiome* genannt, nicht, dann ist es keine Gruppe.
In diesem Sinne dient die Einführung algebraischer Strukturen zunächst der *Systematisierung mathematischer Inhalte.*
In der folgenden Tabelle sind zehn Gebilde zusammengestellt, die in bezug auf vier Eigenschaften untersucht werden:

| Menge $M$ mit binärer Operation „o" | $M$ ist abgeschlossen bez. „o" | „o" ist assoziativ | $M$ besitzt ein neutrales Element bez. „o" | In $M$ besitzt jedes Element ein inverses Element bez. „o" |
|---|---|---|---|---|
| $(G, +)$ | w | w | w | w |
| $(R \setminus \{0\}, \cdot)$ | w | w | w | w |
| Menge aller ungeraden Zahlen bez. der Addition in G | f | w (in G) | f | f |
| $(M_{(2;2)}, +)$ | w | w | w | w |
| $(M_{(2;2)}, \cdot)$ | w | w | w | f |
| Menge aller Permutationen von $\{1, ..., n\}$ bez. der Nacheinanderausführung | w | w | w | w |
| $(G/(4), +)$ | w | w | w | w |
| $(\{[1]_{12}, [5]_{12}, [7]_{12}, [11]_{12}\}, \circ)$ | | | | |
| Menge aller reellen Funktionen bez. der Addition von Funktionen | | | | |
| $(\{1, 2, 3, 6\}, \mathrm{ggT})$ | | | | |

Für die ersten sieben Gebilde ist mit „w" bzw. „f" eingetragen, ob die Aussage über die Eigenschaft der jeweiligen Operation wahr bzw. falsch ist. So ist die Addition + aller ganzen

Zahlen zwar assoziativ, die Menge der ungeraden Zahlen aber bez. $+$ nicht abgeschlossen. Die Menge $M_{(2\,;2)}$ aller Matrizen vom Typ $(2; 2)$ ist bez. der (assoziativen) Multiplikation abgeschlossen und besitzt mit $\mathfrak{E}$ auch ein neutrales Element, aber nicht jedes Element dieser Menge besitzt ein inverses Element. Alle Gebilde, bei denen in jeder Spalte das Zeichen $w$ steht, bekommen einen gemeinsamen Namen: Man sagt, es sind Beispiele für eine *Gruppe*, oder auch kurz, es sind Gruppen.

Die drei restlichen Zeilen auszufüllen, bleibt nun dem Leser überlassen. Wir verraten, daß in unserer Tabelle genau sieben Gruppen auftreten.

---

**Definition 4.1:** Eine nichtleere Menge $G$ mit einer binären Operation $\circ$ heißt *Gruppe* genau dann, wenn folgende Axiome erfüllt sind:

$A_1$: Für alle $a, b \in G$ gilt auch $a \circ b \in G$, d. h., $\circ$ ist eine vollständige Operation in $G$.

$A_2$: Für alle $a, b, c \in G$ gilt $(a \circ b) \circ c = a \circ (b \circ c)$, d. h., $\circ$ ist eine assoziative Operation.

$A_3$: In $G$ existiert ein neutrales Element $e$, so daß für alle $a \in G$ gilt $a \circ e = e \circ a = a$.

$A_4$: Jedes Element $a \in G$ besitzt ein inverses Element $a^{-1} \in G$, so daß gilt $a \circ a^{-1} = a^{-1} \circ a = e$.

---

Gebilde, in denen nur die Axiome $A_1$ und $A_2$ erfüllt sind, heißen *Halbgruppen*, zu ihnen gehört z. B. $(\{1, 2, 3, 6\}, \text{ggT})$. Das in D(4.1) benutzte Operationszeichen „$\circ$" kann offenbar verschiedenartig interpretiert werden, als Zeichen für die Multiplikation von Null verschiedener rationaler Zahlen, für die Addition von Matrizen oder auch für die Nacheinanderausführung von Permutationen.

Bei der Beschreibung von Zusammenhängen in einer Gruppe haben sich in der mathematischen Literatur zwei Bezeichnungsweisen eingebürgert, nämlich die multiplikative Schreibweise mit dem Operationszeichen „$\cdot$" und die additive Schreibweise mit dem Operationszeichen „$+$". Der Inhalt der Gruppenaxiome ist natürlich von der gewählten Bezeichnungsweise unabhängig.

Wir bevorzugen die multiplikative Schreibweise und nutzen auch die Begriffe „Faktor" und „Produkt". Mitunter wird sich – vor allem bei der Charakterisierung von Mengen, in denen zwei Operationen definiert sind – der Gebrauch auch der additiven Schreibweise notwendig machen. Für eine Gruppe $(G, \cdot)$ werden wir – wenn keine Mißverständnisse auftreten können – auch kurz $G$ schreiben.

Neben den in der Tabelle zusammengestellten Gruppen findet man eine Vielzahl weiterer Beispiele und Gegenbeispiele, wenn die in den Abschnitten 3.1. bis 3.3. aufgeführten Mengen mit Operationen untersucht werden. So sind z. B. die Menge aller im Intervall $[a, b]$ definierten reellen Funktionen bezüglich der Addition von Funktionen und auch die Menge aller Folgen reeller Zahlen bezüglich der Addition von Folgen (vgl. Abschnitt 3.1., Beispiel 4) Gruppen. Das Bilden des arithmetischen Mittels in der Menge aller rationalen Zahlen ist dagegen „nicht einmal" eine Halbgruppe, also erst recht keine Gruppe (warum nicht?). Halbgruppen sind die im Beispiel 5 zusammengestellten Gebilde, also z. B. $(\mathscr{P}(M), \cap)$.

Wird das System der vier Axiome in D(4.1) durch das Axiom $A_5$: „Für alle $a, b \in G$ gilt $a \cdot b = b \cdot a$" erweitert, so spricht man von einer *kommutativen Gruppe* oder auch (zu Ehren des norwegischen Mathematikers NIELS HENRIK ABEL[1]) von einer *abelschen Gruppe*. $(G, +)$ ist eine solche, $(M_{(2;2)}, \cdot)$ dagegen nicht. Eine additiv geschriebene kommutative Gruppe heißt *Modul*, z. B. der Restklassenmodul mod 6. Eine Gruppe heißt *endliche* bzw. *unendliche Gruppe* je nachdem, ob die Trägermenge eine endliche bzw. eine unendliche Menge ist. Die Anzahl der Elemente einer Gruppe nennen wir *Ordnung der Gruppe*. Unter den in unserer Tabelle angegebenen Gruppen ist eine der Ordnung 4 (welche?).

Gebilde mit zwei Operationen, wie z. B. $(G, +, \cdot)$, verhalten sich häufig bezüglich der „Addition" wie eine Gruppe, bezüglich der „Multiplikation" wie eine Halbgruppe. Ist die Multiplikation noch distributiv mit der Addition verbunden, so sprechen wir von einem *Ring*.

---

[1] *Niels Henrik Abel* (1802–1829), norwegischer Mathematiker; untersuchte bereits während seines Studiums die Möglichkeit der Darstellung von Lösungen algebraischer Gleichungen 5. Grades durch Radikale (Auflösungsformeln). 1824 bewies er, daß eine solche Auflösbarkeit allgemeiner Gleichungen von höherem als dem vierten Grade unmöglich ist.

---

**Definition 4.2:** Eine nichtleere Menge $R$, in der zwei vollständige binäre Operationen „$+$" und „$\cdot$" definiert sind, heißt *Ring* genau dann, wenn folgende Axiome erfüllt sind:

$B_1$: $(R, +)$ ist Modul.
$B_2$: $(R, \cdot)$ ist Halbgruppe.
$B_3$: Für alle $a, b, c \in R$ gilt:
$$a \cdot (b + c) = (a \cdot b) + (a \cdot c) \quad \text{und}$$
$$(b + c) \cdot a = (b \cdot a) + (c \cdot a).$$

---

Zunächst ist sicher klar, daß die in D(4.2) benutzten Operationssymbole „$+$" und „$\cdot$" ganz verschiedenartig interpretiert werden können; etwa als Addition und Multiplikation im Ring aller Matrizen vom Typ $(n, n)$, als Addition und Multiplikation im Restklassenring modulo 4 oder auch als Addition und Multiplikation im Ring der reellen Funktionen. Dagegen sind $(N, +, \cdot)$ und $(\mathscr{P}(M), \cap, \cup)$ keine Ringe. Macht man in $B_3$ von der Vereinbarung Gebrauch, daß „$\cdot$" stärker bindet als „$+$", so können die Klammern auf den rechten Seiten der Gleichungen entfallen.

Offenbar besitzt jeder Ring ein bez. $+$ neutrales Element $o$, jedoch nicht notwendig ein solches bezüglich der Multiplikation, wie der Ring der geraden Zahlen zeigt. Diese Asymmetrie eines Ringes, die auch in den Axiomen $B_1$ und $B_2$ deutlich wird, kann weitgehend eingeschränkt werden, wenn man auch für die multiplikative Verknüpfung die Gruppeneigenschaft fordert:

---

**Definition 4.3:** Eine Menge $K$ mit mindestens zwei Elementen, in der zwei vollständige binäre Operationen erklärt sind, heißt *Körper* genau dann, wenn folgende Axiome erfüllt sind:

$B_1^*$: $(K, +)$ ist Modul.
$B_2^*$: $(K \setminus \{o\}, \cdot)$ ist kommutative Gruppe.
$B_3^*$: Für alle $a, b, c \in K$ gilt:
$$a \cdot (b + c) = a \cdot b + a \cdot c \quad \text{und}$$
$$(b + c) \cdot a = b \cdot a + c \cdot a.$$

---

Wir vergleichen D(4.3) mit D(4.2). $B_1^*$ bzw. $B_3^*$ stimmt – bis auf die Bezeichnung der Trägermenge – mit $B_1$ bzw. $B_3$ überein.

Die Multiplikation ist zwar für *alle* Elemente von $K$ erklärt, B$\frac{*}{2}$ besagt jedoch, daß die Eigenschaften einer abelschen Gruppe, insbesondere die Existenz eines inversen Elementes, nur für die von $o$ verschiedenen Elemente gewährleistet sind. Bestünde nun $K$ nur aus einem Element (dies müßte dann neutrales Element $o$ sein), so wäre $K \setminus \{o\}$ leer.

Offenbar ist jeder Körper auch ein Ring, aber nicht umgekehrt jeder Ring ein Körper. $(R, +, \cdot)$, $(P, +, \cdot)$ und $(G/(7), +, \circ)$ sind Beispiele für Körper. Im allgemeinen ist $(G/(n), +, \circ)$ nur ein Ring, der sog. *Restklassenring mod n*; er ist Körper genau dann, wenn $n$ eine Primzahl ist. Schränkt man die Trägermenge ein auf die sog. *primen Restklassen* mod $n$ – das sind jene Restklassen, deren Repräsentanten teilerfremd zum Modul $n$ sind –, so erhält man zwar bezüglich der Multiplikation eine Gruppe, die *prime Restklassengruppe mod n* (für $n = 12$ vgl. Tabelle S. 111), aber man verliert die Gruppeneigenschaft bezüglich der Addition.

Die Herausbildung solcher Begriffe wie Gruppe, Ring oder Körper ist das Ergebnis einer langen mathematikgeschichtlichen Entwicklung und hat sich vollzogen durch Abstraktion, d. h. durch Weglassen spezieller Eigenschaften verschiedenartiger Gebilde und Formulierung struktureller Gemeinsamkeiten. Die Fruchtbarkeit und Tragweite dieser Begriffe beruhen darauf, daß sie einerseits allgemein genug sind, um eine umfangreiche Anwendbarkeit auf konkrete Gebilde zuzulassen, und andererseits definiert sind durch ein hinlänglich strenges „Gesetzbuch", das weitreichende allgemeine Schlußfolgerungen, ja den Aufbau einer ganzen mathematischen Theorie allein aus den Axiomen zuläßt. Beispielsweise bedienen sich heute die Physiker, die Kristallographen und andere Naturwissenschaftler mit großem Erfolg der Gruppentheorie.

## Sieben auf einen Streich

**4.2. Einfache Folgerungen aus den Axiomensystemen: Der Leser wird mit Folgerungen aus Gruppen-, Ring- und Körperaxiomen vertraut gemacht. Es wird deutlich, daß strukturtheoretische Überlegungen außerordentlich beweisökonomisch sein können.**

Eine schöne Leistung, die das tapfere kleine Schneiderlein vollbracht hat: Mit einem einzigen Streich erschlug es sieben Fliegen. Wir können dies mühelos überbieten: Mit einem „einzigen

Streich" beweisen wir Aussagen über Eigenschaften *aller* Gruppen; das magere Axiomensystem für Gruppen und unsere Intelligenz sind dabei unsere einzigen Waffen. Wir gewinnen also auch Erkenntnisse über die sieben in der Tabelle des Abschnittes 4.1. zusammengestellten Gruppen, ohne diese Gebilde im einzelnen untersuchen zu müssen.

Neben der Systematisierung von mathematischen Inhalten gestattet die Beschäftigung mit Strukturen, *ökonomisch beim Beweisen* von Einzelaussagen vorzugehen, was wir gleich an einigen Beispielen demonstrieren wollen.

In den Gruppenaxiomen $A_3$ bzw. $A_4$ wird gefordert, daß in jeder Gruppe mindestens ein neutrales Element $e$ bzw. zu jedem Gruppenelement $a$ mindestens ein inverses Element $a^{-1}$ existiert. Die Frage, ob es in Gruppen möglicherweise mehr als ein neutrales Element gibt, kann sofort verneint werden, wenn wir an den im Abschnitt 3.3. formulierten Beweis denken: Um aus $e_1 \cdot e_2 = e_1$ und $e_1 \cdot e_2 = e_2$ auf $e_1 = e_2$ schließen zu können, benötigen wir mit Sicherheit keine weiteren Eigenschaften der Operation „$\cdot$", als durch die Gruppenaxiome garantiert werden.

Angenommen, in einer Gruppe existieren zu einem Element $a$ zwei voneinander verschiedene inverse Elemente $a^{-1}$ und $a^*$, so führt der Ansatz $a^{-1} = a^{-1} \cdot e = a^{-1} \cdot (a \cdot a^*) = (a^{-1} \cdot a) \cdot a^* = e \cdot a^* = a^*$ zu dem Widerspruch $a^{-1} = a^*$. Daraus folgt im Zusammenhang mit $A_4$, daß es in jeder Gruppe zu jedem Element genau ein inverses Element gibt. Also können wir zusammenfassen:

> **Satz 4.1:** In jeder Gruppe $(G, \cdot)$ existiert *genau ein* neutrales Element $e$ und zu jedem Element $a$ *genau ein* inverses Element $a^{-1}$.

Offenbar darf in S(4.1) das Wort „Gruppe" nicht durch das Wort „Halbgruppe" ersetzt werden, denn weder die Existenz eines neutralen Elementes $e$ noch die eines inversen Elementes $a^{-1}$ zu einem Halbgruppenelement $a$ ist gesichert. In dem kleinen Beweis über die Eindeutigkeit des neutralen Elementes wird jedoch nicht mehr an Eigenschaften einer Operation genutzt als durch die Halbgruppenaxiome zur Verfügung gestellt wird; d. h., existiert in einer Halbgruppe ein neutrales Element, dann existiert auch nicht mehr als eines.

Besitzt nun eine Halbgruppe ein neutrales Element $e$, so können obige Überlegungen auch bezüglich Halbgruppenelementen angestellt werden. Die beiden Beweise erlauben also die Folgerung: In einer Halbgruppe existiert *höchstens* ein neutrales Element und, falls ein solches existiert, zu jedem Halbgruppenelement *höchstens* ein inverses Element.

Das in einer Gruppe eindeutig bestimmte neutrale Element pflegt man bei multiplikativer Schreibweise mit $e$, bei additiver Schreibweise mit $o$ zu bezeichnen und – wie im Abschnitt 3.3. bereits angedeutet – *Einselement* bzw. *Nullelement* zu nennen. Analog schreibt man bei additiver Bezeichnungsweise $-a$ statt $a^{-1}$ und spricht vom *zu a entgegengesetzten Element*.

In Mengen, in denen Operationen erklärt sind, will man gewöhnlich rechnen. Wir wollen untersuchen, welche Rechenregeln sich in Gruppen anwenden lassen. Überlegen wir uns zunächst, ob und wie in Gruppen lineare Gleichungen $a \cdot x = b$ gelöst werden können. Mit $a$ und $b$ liegen wegen $A_3$ auch $a^{-1}$ und dann wegen $A_1$ auch $a^{-1} \cdot b$ in $G$. Das letztgenannte Element ist jedoch Lösung von $a \cdot x = b$, denn es gilt:

$$a \cdot (a^{-1} \cdot b) = (a \cdot a^{-1}) \cdot b = e \cdot b = b.$$

Also hat jede Gleichung $a \cdot x = b$ mindestens eine Lösung. Es wäre erfreulich, wenn jede solche Gleichung sogar *eindeutig* lösbar ist. Dies ergibt sich leicht aus folgenden Überlegungen: Angenommen, $x_1$ und $x_2$ wären zwei voneinander verschiedene Lösungen der Gleichung $a \cdot x = b$; d. h., es gilt sowohl $a \cdot x_1 = b$ als auch $a \cdot x_2 = b$. Aus der Gleichheit der rechten Seiten folgt auch die der linken, also $a \cdot x_1 = a \cdot x_2$. Weiter ergibt sich: $a^{-1} \cdot (a \cdot x_1) = a^{-1} \cdot (a \cdot x_2)$ und $(a^{-1} \cdot a) \cdot x_1 = (a^{-1} \cdot a) \cdot x_2$ und schließlich $e \cdot x_1 = e \cdot x_2$, also $x_1 = x_2$ im Widerspruch zur Annahme. Der letzte Teil des Beweises zeigt überdies, daß die Gruppenoperation kürzbar ist.

---

**Satz 4.2:** In einer Gruppe ist jede Gleichung der Form $a \cdot x = b$ bzw. $y \cdot a = b$ *eindeutig* durch $x = a^{-1} \cdot b$ bzw. $y = b \cdot a^{-1}$ lösbar.

---

Der Nachweis, daß auch jede Gleichung $y \cdot a = b$ eindeutig lösbar ist, bleibt dem Leser überlassen. Er überlege sich außerdem, warum ein solcher Satz für Halbgruppen nicht formuliert werden kann!

Eine andere Fassung des Satzes S(4.2) wäre: Die Gruppenoperation ist eindeutig umkehrbar.

Überprüfen wir, ob der verlockende Gedanke, eine Vielzahl von Einzeluntersuchungen durch Ausbeutung der Gruppenaxiome zu ersetzen, bereits Früchte getragen hat:

Wenn wir nach neutralen Elementen in den Einführungsbeispielen (Tabelle im Abschnitt 4.1.) fahnden, so wissen wir: In den sieben Gruppen existiert jeweils genau ein neutrales Element, in jeder der drei Halbgruppen kann höchstens ein neutrales Element auftreten. Der Leser gebe die neutralen Elemente an und konstruiere eine Halbgruppe, welche kein neutrales Element besitzt!

S(4.2) schließt die Aussagen ein, daß für quadratische $n$-reihige Matrizen $\mathfrak{A}$, $\mathfrak{B}$ jede Matrizengleichung $\mathfrak{A} + \mathfrak{X} = \mathfrak{B}$ eindeutig lösbar ist, nicht notwendig aber jede Matrizengleichung $\mathfrak{A} \cdot \mathfrak{X} = \mathfrak{B}$. Dagegen sind die Gleichungen $[a]_4 + [x]_4 = [b]_4$, $[y]_7 \circ [a]_7 = [b]_7$ und $(a_n) \oplus (x_n) = (b_n)$ eindeutig lösbar. Die Lösungen können unmittelbar angegeben werden.

Es ließe sich die Frage aufwerfen, warum gerade die in den Axiomen $A_1$ bis $A_4$ enthaltenen Forderungen zur Definition des Begriffes der Gruppe genutzt wurden bzw. ob nicht auch andere Eigenschaften geeignet wären, den Begriff der Gruppe zu charakterisieren.

Wir können folgenden Satz beweisen:

---

**Satz 4.3:** Ein Gebilde $(G, \cdot)$ ist Gruppe genau dann, wenn folgende Bedingungen erfüllt sind:

$A_1$: Für alle $a, b \in G$ gilt auch $a \cdot b \in G$.

$A_2$: Für alle $a, b, c \in G$ gilt $(a \cdot b) \cdot c = a \cdot (b \cdot c)$.

$A$ : Für alle $a, b \in G$ existieren Elemente $x \in G$ und $y \in G$, so daß $a \cdot x = b$ und $y \cdot a = b$ gelten.

---

S(4.3) besagt, daß die Aussagen $A_1$, $A_2$, $A_3$ und $A_4$ logisch äquivalent zu den Aussagen $A_1$, $A_2$ und A sind. Also ließen sich auch die drei letztgenannten Aussagen nutzen, um den Begriff der Gruppe durch ein System von Aussagen zu charakterisieren. Der Beweis von S(4.3) erfolgt in zwei Schritten (a) und (b):

(a): Aus $A_1$, $A_2$, $A_3$ und $A_4$ folgt $A_1$, $A_2$ und A.

Offenbar genügt es zu zeigen, daß A aus $A_1$, $A_2$, $A_3$, $A_4$ folgt.

A ist eine abgeschwächte Formulierung von S(4.2), also folgt A unmittelbar aus diesem Satz. S(4.2) wurde aber allein unter Nutzung von $A_1$, $A_2$, $A_3$ und $A_4$ bewiesen.

(b): Da aus $A_1$, $A_2$ und A sicher $A_1$ und $A_2$ folgen, genügt es, die Aussagen $A_3$ und $A_4$ zu beweisen.

Es wird zunächst der etwas schwierigere Nachweis von $A_3$ geführt: Es sei $a$ ein beliebiges (aber fest gewähltes) Element von $G$. Wegen A besitzt die Gleichung $a \cdot x = a$ mindestens eine Lösung, eine solche sei $e_R$. Also gilt $a \cdot e_R = a$.

Wenn $e_R$ ein rechtsneutrales Element sein soll, so muß es *jede* Gleichung der Form $b \cdot x = b$ mit *beliebigem* $b \in G$ erfüllen.

Um das fest gewählte Element $a$ mit $b$ in Verbindung zu bringen, betrachten wird die Hilfsgleichung $y \cdot a = b$, welche $c$ als Lösung besitzen soll, d. h., es gilt $c \cdot a = b$. Nun folgt:

$$b \cdot e_R = (c \cdot a) \cdot e_R = c \cdot (a \cdot e_R) = c \cdot a = b.$$

Durch analoge Überlegungen ergibt sich, daß auch mindestens ein Element $e_L \in G$ existiert, so daß $e_L \cdot b = b$ für alle $b \in G$ gilt. Es bleibt zu zeigen, daß jedes linksneutrale Element $e_L$ mit jedem rechtsneutralen Element $e_R$ übereinstimmt. Dies ergibt sich jedoch sofort aus dem Ansatz $e_L \cdot e_R = e_L$ und $e_L \cdot e_R = e_R$ (vgl. Abschnitt 3.3.).

Der Nachweis von $A_4$ ist nicht schwierig: Es sei $a_R^{-1}$ Lösung von $a \cdot x = e$ und $a_L^{-1}$ Lösung von $y \cdot a = e$ für ein beliebiges $a \in G$, dann folgt:

$$a_L^{-1} = a_L^{-1} \cdot e = a_L^{-1} \cdot (a \cdot a_R^{-1}) = (a_L^{-1} \cdot a) a_R^{-1} = e \cdot a_R^{-1} = a_R^{-1}.$$

Also existiert zu jedem $a \in G$ ein $a^{-1}$ mit $a^{-1} \cdot a = a \cdot a^{-1} = e$.

Wir untersuchen nun einen Zusammenhang zwischen Gruppen und Halbgruppen. Ist in einer Halbgruppe $H$ die Operation kürzbar, so heißt $H$ auch *reguläre Halbgruppe*. Natürlich ist jede Gruppe insbesondere eine Halbgruppe, und beim Beweis von S(4.2) ergab sich, daß die Gruppenoperation stets kürzbar ist. Deshalb gilt der folgende Satz:

---

**Satz 4.4:** Jede Gruppe ist eine reguläre Halbgruppe.

---

Dieser Satz ist allerdings wenig aufregend; interessant ist jedoch die Frage, ob auch die Umkehrung des Satzes S(4.4) eine wahre Aussage ist. Wenn dies so wäre, müßten aus den Halbgruppenaxiomen und der Kürzbarkeit die Gruppenaxiome folgen. Trotz intensiver Bemühungen wird uns dieser Nachweis kaum gelingen, so daß man vermuten könnte, die

Umkehrung des Satzes S(4.4) ist falsch, d. h., nicht jede reguläre Halbgruppe ist eine Gruppe. Um nun dies zu zeigen, würde es genügen, ein Beispiel für eine reguläre Halbgruppe anzugeben, die (noch) keine Gruppe ist. $(N, +)$ leistet bereits das Gewünschte: Aus $a + c = b + c$ folgt stets $a = b$ für alle $a, b, c \in N$, und $(N, +)$ ist Halbgruppe, aber keine Gruppe. Verschärft man jedoch die Voraussetzungen durch Hinzunahme der Bedingung, daß die Trägermenge der Halbgruppe eine *endliche* Menge ist, so lassen sich die Gruppeneigenschaften nachweisen, d. h., es gilt der Satz:

---

**Satz 4.5:** Jede endliche reguläre Halbgruppe ist eine Gruppe.

---

Der Beweis bleibt dem Leser überlassen (vgl. Aufgabe 5a).
Verfolgen wir das Ziel, Regeln für das Rechnen in Gruppen zu entdecken, weiter:
Wir behaupten, daß für beliebige Gruppenelemente $a$ und $b$ gilt: $(a \cdot b)^{-1} = b^{-1} \cdot a^{-1}$. Nach Definition des Inversen von $a \cdot b$ ist $(a \cdot b)^{-1}$ Lösung der Gleichung $(a \cdot b) \cdot x = e$. Andererseits löst auch $b^{-1} \cdot a^{-1}$ diese Gleichung, wie man durch Einsetzen sofort bestätigt. Aus der in S(4.2) festgestellten Eindeutigkeit der Lösung linearer Gleichungen in Gruppen folgt unmittelbar die Behauptung.
Ebenso beweist man $(a^{-1})^{-1} = a$, indem man sowohl $a$ als auch $(a^{-1})^{-1}$ als Lösung der Gleichung $a^{-1} \cdot x = e$ erkennt (Hinweis: $(a^{-1})^{-1}$ ist nach Definition inverses Element von $a^{-1}$).
Wie bei der Multiplikation von Zahlen läßt sich auch bezüglich der Verknüpfung von Gruppenelementen der Begriff der $n$-ten Potenz eines Elementes $a$ einführen und für ein Produkt von $n$ gleichen Faktoren $a$ auch $a^n$ schreiben. Wir definieren Potenzen von Gruppenelementen für ganzzahlige Exponenten $n$.

---

**Definition 4.4:** Für jedes Element $a$ einer Gruppe $(G, \cdot)$ und jede natürliche Zahl $k$ wird festgelegt:

(1) $a^0 = e$,    (2) $a^{k+1} = a^k \cdot a$,    (3) $a^{-k} = (a^k)^{-1}$,

$a^k$ heißt $k$-te Potenz des Elementes $a$.

---

Aus D(4.4), (1) und (2) folgt unmittelbar $a^1 = a^{0+1} = a^0 \cdot a$ $= e \cdot a = a$. Wie beim Rechnen mit Potenzen von Zahlen gelten auch in Gruppen die Gesetze $a^n \cdot a^m = a^{n+m}$ und $(a^n)^m = a^{n \cdot m}$ für beliebiges $a \in G$ und ganzzahlige Exponenten $m$ und $n$. Dagegen gilt die vom Rechnen mit Zahlen bekannte Beziehung $(a \cdot b)^n = a^n \cdot b^n$ nur in abelschen Gruppen.

Für natürliche Zahlen $m$ und $n$ erfolgt der Beweis durch vollständige Induktion unter Nutzung von D(4.4), (1) und (2) sowie $a^1 = a$.

Bisher war $a^{-1}$ ein Zeichen für das inverse Element von $a$, also zunächst keine Potenz; die Beziehung (3) zeigt – wenn man $k = 1$ setzt –, daß die Potenz von $a$ mit dem Exponenten $-1$ mit dem inversen Element von $a$ übereinstimmt.

In D(4.4) wurde die multiplikative Schreibweise für die Gruppenoperation zugrundegelegt. Überträgt man diese Definition in die additive Bezeichnungsweise, so entspricht einem Produkt $a \cdot a \cdot \ldots \cdot a$ von $n$ gleichen Faktoren $a$ eine Summe $a + a + \ldots + a$ von $n$ gleichen Summanden und man schreibt $n \cdot a$. D(4.4) geht dann über in:

Für jedes Element $a$ einer Gruppe $(G, +)$ und jede natürliche Zahl $k$ wird festgelegt:

(1) $0 \cdot a = o$,     (2) $(k + 1) \cdot a = k \cdot a + a$,

(3) $(-k) \cdot a = k \cdot (-a)$.

Auf gleiche Weise lassen sich Folgerungen aus D(4.4) in die additive Schreibweise „übersetzen", z. B. geht die Gleichung $a^n \cdot b^n = (a \cdot b)^n$ über in die Gleichung $n \cdot a + n \cdot b = n \cdot (a + b)$. Diese Übertragung kann dem unerfahrenen Leser insofern Schwierigkeiten bereiten, als er möglicherweise nicht erkennt, daß $n \cdot a$ eine abkürzende Schreibweise für $a + a + \ldots + a$ und nicht etwa eine im Modul zusätzlich definierte „Multiplikation" ist; die natürliche Zahl $n$ ist ja im allgemeinen auch kein Gruppenelement.

Endliche Gebilde kann man durch Verknüpfungstafeln, auch *Strukturtafeln* genannt, beschreiben.

Betrachtet man beispielsweise eine Verknüpfungstafel für das Mischen der vier Farben rot, gelb, weiß und blau, so ist unschwer einzusehen, daß dabei keine Gruppe vorliegt, denn die Menge dieser vier Farben ist nicht abgeschlossen bezüglich dieser „Operation".

Um untersuchen zu können, inwieweit sich aus den Strukturtafeln Gruppeneigenschaften herauslesen lassen, betrachten wir als Beispiel die Tafel des Gebildes $(\{e, a, b, c\}, \cdot)$. Da an jeder

Stelle der Tafel ein Element der gewählten Menge $M$ steht, ist das Axiom $A_1$ erfüllt. $A_3$ spiegelt sich in der Verknüpfungstafel durch die Tatsache wider, daß wenigstens eine Zeile und wenigstens eine Spalte mit den Tafeleingängen übereinstimmt.

| $\cdot$ | $e$ | $a$ | $b$ | $c$ |
|---|---|---|---|---|
| $e$ | $e$ | $a$ | $b$ | $c$ |
| $a$ | $a$ | $b$ | $c$ | $e$ |
| $b$ | $b$ | $c$ | $e$ | $a$ |
| $c$ | $c$ | $e$ | $a$ | $b$ |

| $\cdot$ | $u$ | $v$ | $w$ | $x$ | $y$ | $z$ |
|---|---|---|---|---|---|---|
| $u$ | $u$ | $v$ | $w$ | $x$ | $y$ | $z$ |
| $v$ | $v$ | $w$ | $u$ | $y$ | $z$ | $x$ |
| $w$ | $w$ | $u$ | $v$ | $z$ | $x$ | $y$ |
| $x$ | $x$ | $y$ | $z$ | $w$ | $v$ | $u$ |
| $y$ | $y$ | $z$ | $x$ | $v$ | $u$ | $w$ |
| $z$ | $z$ | $x$ | $y$ | $u$ | $v$ | $w$ |

Da in jeder Zeile und in jeder Spalte der Tafel das neutrale Element $e$ wenigstens einmal auftritt, erfüllt $(M, \cdot)$ auch $A_4$.

Die Gültigkeit von $A_2$ (Assoziativität der Operation) ist aus einer Verknüpfungstafel kaum einfacher zu erkennen, als wenn man sich der mühevollen Aufgabe unterzieht, alle möglichen Beklammerungen von je drei Elementen aufzuschreiben und die berechneten Produkte zu vergleichen. Im Fall der durch Tafel 1 festgelegten Verknüpfung führt dieses Unternehmen zum Erfolg, d. h., $(M, \cdot)$ ist eine Gruppe. Aus der nebenstehenden Tafel 2 entnimmt man zwar, daß $A_1$, $A_3$ und $A_4$ erfüllt sind, $A_2$ gilt jedoch für diese Operation nicht, denn es ist $(y \cdot x) \cdot w = u$, aber $y \cdot (x \cdot w) = w$. Also ist $(\{u, v, w, x, y, z\}, \cdot)$ keine Gruppe, nicht einmal eine Halbgruppe.

Das Beispiel zeigt darüber hinaus, daß $A_2$ von den Axiomen $A_1$, $A_3$ und $A_4$ *unabhängig* ist. Halbgruppen mit neutralem Element, die keine Gruppen sind, wie z. B. (N, +), zeigen, daß aus den Axiomen $A_1$, $A_2$ und $A_3$ nicht $A_4$ folgt. Würde ein Axiom – etwa $A_2$ – aus den anderen Gruppenaxiomen ableitbar sein, so könnte man es aus dem in D(4.1) angegebenen Axiomensystem streichen, es wäre zur Charakterisierung einer Gruppe gar nicht notwendig. Allgemein wählt man zur Definition einer Struktur ein minimales Axiomensystem, steckt also möglichst nicht Aussagen hinein, die sich durch scharfes Nachdenken aus den übrigen ergeben. Neben dieser mehr ästhetischen Forderung nach Unabhängigkeit der Aussagen eines Axiomensystems müssen diese Aussagen natürlich *widerspruchsfrei* sein und ausreichend, um die Struktur – von der man ja eine genaue Vorstellung hat – zu beschreiben (*Vollständigkeit* eines Axiomensystems).

Die Kommutativität einer Operation (Axiom $A_5$) ist leicht am symmetrischen Aufbau der Verknüpfungstafel zu erkennen. Natürlich können auch Folgerungen aus den Gruppenaxiomen in einer Tafel deutlich werden: Daß in jeder Zeile und in jeder

Spalte jedes Element mindestens einmal auftritt, ist gerade die Aussage A.

Schreiben wir einmal Potenzen der Elemente von der durch Tafel 1 charakterisierten Gruppe auf:

$$e^{-4} = e, \quad e^{-3} = e, \quad e^{-2} = e, \quad e^{-1} = e, \quad e^{0} = e,$$
$$a^{-4} = e, \quad a^{-3} = a, \quad a^{-2} = b, \quad a^{-1} = c, \quad a^{0} = e,$$
$$b^{-4} = e, \quad b^{-3} = b, \quad b^{-2} = e, \quad b^{-1} = b, \quad b^{0} = e,$$
$$c^{-4} = e, \quad c^{-3} = c, \quad c^{-2} = b, \quad c^{-1} = a, \quad c^{0} = e,$$

$$e^{1} = e, \quad e^{2} = e, \quad e^{3} = e, \quad e^{4} = e, \quad e^{5} = e$$
$$a^{1} = a, \quad a^{2} = b, \quad a^{3} = c, \quad a^{4} = e, \quad a^{5} = a$$
$$b^{1} = b, \quad b^{2} = e, \quad b^{3} = b, \quad b^{4} = e, \quad b^{5} = b$$
$$c^{1} = c, \quad c^{2} = b, \quad c^{3} = a, \quad c^{4} = e, \quad c^{5} = c$$

Offenbar brauchen wir diese Liste weder nach links noch nach rechts fortzusetzen, denn es wiederholen sich Elemente in einem für jedes Gruppenelement charakteristischen Zyklus. Während $e^{n} = e$ für jedes beliebige $n \in \mathbb{N}$ gilt und bereits die zweite Potenz von $b$ wieder das neutrale Element $e$ liefert, erhält man durch die vier ersten Potenzen von $a$ bzw. $c$ alle Gruppenelemente; $n = 4$ ist der kleinste positive Exponent, für den $a^{n} = e$ bzw. $c^{n} = e$ gilt. Man sagt, daß jedes der beiden Elemente $a$ bzw. $c$ die gesamte Gruppe „erzeugen" kann.

---

**Definition 4.5:** Ein Gebilde $(M, \cdot)$ heißt *zyklische Gruppe* genau dann, wenn gilt:

(1) $(M, \cdot)$ ist Gruppe.
(2) $M$ kann von einem Element $a \in M$ erzeugt werden, d. h., in $M$ existiert ein Element $a$, dessen Potenzen $a^{n}$ mit $n \in G$ alle Gruppenelemente liefern.

Das Element $a$ heißt *erzeugendes* (oder auch *primitives*) Element von $(M, \cdot)$, man symbolisiert diesen Sachverhalt durch $\langle a \rangle = M$.

---

In unserem Einführungsbeispiel sind $a$ und $c$ erzeugende Elemente, dagegen „erzeugen" $e$ und $b$ nur echte Teilmengen von $M$, die jedoch bezüglich der in der gesamten Gruppe definierten Operation selbst die Gruppenaxiome erfüllen.
Für alle Elemente $x$ unserer endlichen Gruppe existiert also ein kleinster positiver Exponent $n$ mit $x^{n} = e$; man nennt diese Zahl

die *Ordnung* des Elementes. Es haben also $e$ die Ordnung 1, $b$ die Ordnung 2 sowie $a$ und $c$ die Ordnung 4.

Wir betrachten die Menge der Zahlen

$$\ldots \frac{1}{8}, \frac{1}{4}, \frac{1}{2}, 1, 2, 4, 8, \ldots$$

bezüglich der Multiplikation als Verknüpfung.

Da sich jedes Element als Potenz von 2 darstellen läßt, und alle Elemente voneinander verschieden sind, haben wir ein Beispiel für eine unendliche zyklische Gruppe mit 2 als erzeugendem Element konstruiert.

Will man weitere Beispiele für zyklische Gruppen finden, so muß man in Gruppen Ausschau nach erzeugenden Elementen halten. In der Restklassengruppe modulo 7 ist sowohl $[3]_7$ als auch $[5]_7$ ein solches Element. Die Gruppe $(\{1, -1, i, -i\}, \cdot)$ kann sowohl durch $i$ als auch durch $-i$ erzeugt werden.

Der Modul der ganzen Zahlen besitzt $+1$ und $-1$, der Restklassenmodul modulo $m$ $[1]_m$ und $[m-1]_m$ als erzeugende Elemente.

Dagegen sind z. B. $(P \setminus \{0\}, \cdot)$ und die Gruppe mit den Elementen

$$f_1(x) = x, \ f_2(x) = -x, \ f_3(x) = \frac{1}{x}, \ f_4(x) = -\frac{1}{x} \text{ bezüglich der}$$

Verkettung von Funktionen als Operation nicht zyklisch. Beim zweiten Beispiel erkennt man dies sofort: Jedes Element ist zu sich selbst invers, keines kann folglich die gesamte Gruppe erzeugen. Die Begründung bezüglich des erstgenannten Beispieles heben wir uns noch etwas auf.

Eine zyklische Gruppe $G$ ist stets abelsch. Sind nämlich $b$ und $c$ beliebige Elemente von $G$, so können beide als Potenzen eines erzeugenden Elementes $a$ dargestellt werden und es folgt:

$$b \cdot c = a^n \cdot a^m = a^{n+m} = a^{m+n} = a^m \cdot a^n = c \cdot b.$$

Es gibt eine große Vielfalt von Gruppen mit ganz unterschiedlicher „Bauart".

Die Struktur von zyklischen Gruppen hingegen ist leicht zu überblicken. Offenbar ist jede Gruppe $G$ entweder endlich oder unendlich. Ist $G$ darüber hinaus zyklisch mit $a$ als erzeugendem Element, so lassen sich diese beiden Fälle näher studieren:

Im *Fall 1* ($G$ endliche zyklische Gruppe) können gewiß nicht alle Potenzen $a^n$ mit ganzzahligem $n$ voneinander verschieden sein, denn dies widerspräche der Endlichkeit von $G$. Also gibt es verschiedene Exponenten $h, k$ (dabei sei $h > k$) mit $a^h = a^k$.

Daraus folgt nach den Potenzgesetzen $a^{h-k} = a^l = e$; es gibt mithin mindestens einen positiven Exponenten $l = h - k > 0$ mit $a^l = e$. Unter allen positiven Exponenten mit dieser Eigenschaft werde der kleinste mit $t$ bezeichnet. Dann sind $a^0 = e$, $a^1 = a$, $a^2$, $a^3$, ..., $a^{t-1}$ alle Elemente von $G$. Denn zunächst sind die aufgeführten Potenzen paarweise verschieden; andernfalls wäre nämlich $t$ nicht der kleinste positive Exponent mit der Eigenschaft $a^t = e$. Jede Potenz $a^n$ mit ganzzahligem $n$ kommt aber unter den ersten $t$ Potenzen bereits vor, denn wendet man auf $n$ und $t$ die Division mit Rest an: $n = qt + r$, $0 \leq r < t$, so ergibt sich $a^n = a^{qt+r} = (a^t)^q \cdot a^r = e^q \cdot a^r = a^r$ mit $0 \leq r < t$. Das Rechnen in dieser Gruppe $G$ vollzieht sich dann als Rechnen mit den Potenzen $a^0$, $a^1$, ..., $a^{t-1}$ des erzeugenden Elementes $a$; tritt dabei ein Exponent $n \geq t$ auf, so kann dieser in $a^n$, wie oben erläutert, mittels der Beziehung $a^t = e$ reduziert werden. Die Multiplikation in $G$ geschieht folglich durch die Addition der Exponenten wie im Restklassenmodul mod $t$.

*Resultat*: Schreibt man die Elemente einer endlichen zyklischen Gruppe $G$ als Potenzen eines erzeugenden Elementes $a$ in der Form $a^0, a^1, a^2, ..., a^{t-1}$, so vollzieht sich die Multiplikation in $G$ wie die Restklassenaddition der Exponenten mod $t$.

Der *Fall 2* ($G$ unendliche zyklische Gruppe) ist noch einfacher zu behandeln. Hier müssen alle Potenzen $a^n$ ($n$ ganzzahlig) paarweise voneinander verschieden sein, denn die Gleichheit zweier solcher Potenzen mit verschiedenen Exponenten führt auf die Endlichkeit von $G$ (vgl. Fall 1). Dann sind durch ..., $a^{-3}, a^{-2}, a^{-1}, a^0 = e, a^1 = a, a^2, a^3, ...$ alle Elemente von $G$ gegeben, und die Multiplikation in $G$ vollzieht sich durch Addition der Exponenten, d. h. wie im Modul der ganzen Zahlen.

Dieser Sachverhalt verdeutlicht: Jede unendliche zyklische Gruppe hat offenbar die gleiche „Bauart" wie der Modul G der ganzen Zahlen, und jede endliche zyklische Gruppe der Ordnung $n$ besitzt die gleiche „Bauart" wie der Restklassenmodul $G/(n)$ modulo $n$.

Insbesondere folgt daraus, daß $(P \setminus \{0\}, \cdot)$ nicht zyklisch sein kann, denn dann müßte diese Gruppe die gleiche Struktur wie G haben. Dies kann jedoch nicht sein, denn es ist schon nicht möglich, eine eineindeutige Abbildung von G auf P anzugeben, da G abzählbar unendlich ist, P dagegen die Mächtigkeit eines Kontinuums besitzt.

Mit der Untersuchung der Bauart zyklischer Gruppen soll unser Ausflug in die Anfänge der Gruppentheorie beendet sein.

Das Prinzip, aus Strukturaxiomen Folgerungen zu ziehen, kann natürlich auch auf Ringe und Körper angewandt werden. Zunächst können wir einige der bereits gewonnenen Erkenntnisse auf diese Strukturen übertragen:

Jeder Ring und „erst recht" jeder Körper besitzt *genau* ein Nullelement.

Nicht jeder Ring – wohl aber jeder Körper – besitzt *genau* ein Einselement.

Besitzt ein Ring ein Einselement, so *genau* eines.

In jedem Körper ist sowohl jede Gleichung $a + x = b$ als auch jede Gleichung $c \cdot y = d$ (mit $c \neq o$) *eindeutig lösbar*; in einem Ring ist i. allg. nur $a + x = b$ eindeutig lösbar.

Wir nutzen diese Aussage sogleich, um das multiplikative Verhalten des Nullelementes $o$ in einem Ring zu untersuchen.

Wie beim Rechnen in Zahlenbereichen gilt in jedem beliebigen Ring $(R, +, \cdot)$ die Gleichung $a \cdot o = o$ für jedes Ringelement $a$.

Man sieht nämlich leicht, daß wegen $a \cdot o = a \cdot o + o$ und $a \cdot o = a \cdot (o + o) = a \cdot o + a \cdot o$ und der eindeutigen Lösbarkeit der Gleichung $a \cdot o = a \cdot o + x$ die Beziehung $a \cdot o = o$ folgt. Außerdem ist sofort einzusehen, daß natürlich auch in jedem Körper ein Produkt gleich Null ist, sofern mindestens ein Faktor das Nullelement ist. Im Ring $(G/(4), +, \circ)$ gilt $[2]_4 \circ [2]_4 = [0]_4$, d. h., ein Produkt ist erstaunlicherweise gleich dem Nullelement, obwohl dieses unter den Faktoren nicht auftritt. Der Satz, daß ein Produkt *genau* dann gleich Null ist, wenn wenigstens ein Faktor gleich Null ist, gilt also in beliebigen Ringen nicht.

In einem Körper $(K, +, \cdot)$ kann solch ein „Fehlverhalten" von Elementen nicht auftreten, denn angenommen, es gäbe Körperelemente $a \neq o$ und $b \neq o$ mit $a \cdot b = o$, so erhielten wir nach Multiplikation der Gleichung mit $a^{-1}$

$$a^{-1} \cdot (a \cdot b) = (a^{-1} \cdot a) \cdot b = e \cdot b = b = o,$$

und $b = o$ steht im Widerspruch zur Voraussetzung.

Es gibt Ringe mit Einselement, in denen die Forderung, daß aus $a \cdot b = o$ stets $a = o$ oder $b = o$ folgt, für alle Ringelemente erfüllt ist. Einer dieser Ringe ist z. B. der Ring der ganzen Zahlen, in welchem wir bekanntlich solche Begriffe wie

Teiler und Primzahl benutzen und in dem der Satz über die eindeutige Zerlegbarkeit jedes Ringelementes in ein Produkt von Primzahlpotenzen gilt. Es ist interessant, daß die genannten Begriffe sinnvoll auf die Elemente jedes Ringes übertragen werden können, der den oben genannten Bedingungen genügt, und daß elementare Aussagen über die Teilbarkeitsrelation (z. B., daß aus $a|b$ und $a|c$ die Beziehung $a|(b + c)$ folgt oder daß der größte gemeinsame Teiler und das kleinste gemeinsame Vielfache von Ringelementen stets eindeutig bestimmt sind) in jedem solchen Ring gelten. Allerdings muß beispielsweise der größte gemeinsame Teiler zweier Ringelemente in derartigen Ringen (noch) nicht existieren; seine Existenz wird erst durch weitere zusätzliche Bedingungen gesichert. Gleiches gilt bezüglich des oben genannten Satzes über Existenz und Eindeutigkeit der Primfaktorzerlegung, dessen Gültigkeit oft als selbstverständlich angesehen wird.

Daß die Nutzung von Hilfsmitteln aus der Theorie von Strukturen geeignet und häufig sogar notwendig ist, um zentrale mathematische Fragen lösen zu können, zeigt das klassische Problem der Auflösbarkeit algebraischer Gleichungen durch Radikale, welches jeder Schüler verstehen kann, dem die Lösungsformeln für quadratische Gleichungen bekannt sind:

Für welchen Grad $n$ der allgemeinen algebraischen Gleichung $a_n \cdot x^n + a_{n-1} \cdot x^{n-1} + \ldots + a_1 \cdot x + a_0 = 0$, deren Koeffizienten $a_i$ aus dem Körper der reellen Zahlen stammen, gibt es Auflösungsformeln?

Seit mehr als 300 Jahren sind solche Formeln für Gleichungen zweiten, dritten und vierten Grades bekannt. Doch erst unter Nutzung des Zusammenspiels von Hilfsmitteln aus der Gruppentheorie mit solchen aus der Theorie der Körper gelang es ÉVARISTE GALOIS[1]) zu beweisen, daß es Lösungsformeln für allgemeine Gleichungen höheren als vierten Grades nicht geben kann.

---

[1]) *Évariste Galois* (1811–1832), französischer Mathematiker; Begründer der modernen gruppentheoretischen Behandlung der algebraischen Gleichungen (GALOISsche Theorie). Das Wesentlichste seiner tiefgreifenden mathematischen Gedanken legte Galois am Vorabend seines Todes (er wurde in einem Duell getötet) in knappster Form in einem als wissenschaftliches Testament gedachten Brief nieder.

10*

# Verschiedene Kappen und dennoch gleiche Brüder

**4.3. Strukturverträgliche Abbildungen: Isomorphie und Homomorphie.**

In einer Arbeitsgemeinschaft stellen die Teilnehmer Strukturtafeln für verschiedene endliche Gruppen auf, z. B.

- für die Gruppe $G_1$ mit den Elementen $f_1(x) = x$, $f_2(x) = \dfrac{1}{x}$, $f_3(x) = -x$, $f_4(x) = -\dfrac{1}{x}$ und der Nacheinanderausführung als Operation;
- für $G_2$, den Restklassenmodul mod 4; also $G_2 = G/(4)$;
- für die Gruppe $G_3$ mit den Elementen 1, $-1$, i, $-$i und der Multiplikation komplexer Zahlen als Operation (man braucht nur $i^2 = -1$ zu wissen);
- für die Gruppe $G_4$ mit den Elementen

$$\mathfrak{A}_1 = \begin{pmatrix} 1 & 0 \\ 0 & 1 \end{pmatrix}, \qquad \mathfrak{A}_2 = \begin{pmatrix} -1 & 0 \\ 0 & 1 \end{pmatrix},$$

$$\mathfrak{A}_3 = \begin{pmatrix} 1 & 0 \\ 0 & -1 \end{pmatrix}, \qquad \mathfrak{A}_4 = \begin{pmatrix} -1 & 0 \\ 0 & -1 \end{pmatrix}$$

und der Matrizenmultiplikation als Operation.

Der interessierte Leser sollte für das Folgende diese Strukturtafeln und jene weiterer Gruppen vorbereiten, z. B. für die Gruppe der primen Restklassen mod 12 (vgl. Tabelle in Abschnitt 4.1.) und für die Gruppe der Drehungen eines Quadrates um seinen Mittelpunkt mit den Drehwinkeln $0$, $\dfrac{\pi}{2}$, $\pi$, $\dfrac{3\pi}{2}$ bezüglich der Nacheinanderausführung als Operation.
Plötzlich spricht Werner, der pfiffigste unter den Teilnehmern, die zunächst verblüffende Behauptung aus, daß $G_1$ und $G_4$ „dieselben" Gruppen sind. Er begründet das so: „Wenn man sich die Strukturtafeln beider Gruppen ansieht,

|       | $f_1$ | $f_2$ | $f_3$ | $f_4$ |
|-------|-------|-------|-------|-------|
| $f_1$ | $f_1$ | $f_2$ | $f_3$ | $f_4$ |
| $f_2$ | $f_2$ | $f_1$ | $f_4$ | $f_3$ |
| $f_3$ | $f_3$ | $f_4$ | $f_1$ | $f_2$ |
| $f_4$ | $f_4$ | $f_3$ | $f_2$ | $f_1$ |

|       | $\mathfrak{A}_1$ | $\mathfrak{A}_2$ | $\mathfrak{A}_3$ | $\mathfrak{A}_4$ |
|-------|------|------|------|------|
| $\mathfrak{A}_1$ | $\mathfrak{A}_1$ | $\mathfrak{A}_2$ | $\mathfrak{A}_3$ | $\mathfrak{A}_4$ |
| $\mathfrak{A}_2$ | $\mathfrak{A}_2$ | $\mathfrak{A}_1$ | $\mathfrak{A}_4$ | $\mathfrak{A}_3$ |
| $\mathfrak{A}_3$ | $\mathfrak{A}_3$ | $\mathfrak{A}_4$ | $\mathfrak{A}_1$ | $\mathfrak{A}_2$ |
| $\mathfrak{A}_4$ | $\mathfrak{A}_4$ | $\mathfrak{A}_3$ | $\mathfrak{A}_2$ | $\mathfrak{A}_1$ |

erkennt man, daß in ihnen in völlig gleicher Weise gerechnet wird. Man könnte sogar eine abstrakte Rechentafel aufstellen, und je nachdem, ob die Elemente $a_1$, ..., $a_4$ als die vier Funktionen $f_1$, ..., $f_4$ bzw. als die vier Matrizen $\mathfrak{A}_1$, ..., $\mathfrak{A}_4$ interpretiert werden (und entsprechend die Operation · einmal als Nacheinanderausführung von Funktionen, das andere Mal als Matrizenmultiplikation), erhält man die Tafeln der ‚konkreten‘ Gruppen $G_1$ bzw. $G_4$. Die Gruppen $G_1$ und $G_4$ sind also ‚wesensgleich‘, sie unterscheiden sich gewissermaßen nur in der konkreten Erscheinungsform, in der Art der Bezeichnung. Es sind also gleiche Brüder, sie tragen nur ungleiche Kappen.“

| · | $a_1$ | $a_2$ | $a_3$ | $a_4$ |
|---|---|---|---|---|
| $a_1$ | $a_1$ | $a_2$ | $a_3$ | $a_4$ |
| $a_2$ | $a_2$ | $a_1$ | $a_4$ | $a_3$ |
| $a_3$ | $a_3$ | $a_4$ | $a_1$ | $a_2$ |
| $a_4$ | $a_4$ | $a_3$ | $a_2$ | $a_1$ |

Dies leuchtet den anderen ein, doch Christine wagt den Einwand, daß die Strukturtafel von $G_1$ doch ein ganz anderes Aussehen bekommt, wenn die Elemente von $G_1$ anders numeriert werden, ohne daß sich dabei an der Gruppe selbst etwas ändert. Man einigt sich schnell, daß „strukturgleiche“ Gruppen solche sein sollen, deren Strukturtafeln sich bei *passender* Numerierung der Elemente höchstens in der Bezeichnung unterscheiden. „Aber dann sind ja auch $G_2$ und $G_3$ strukturgleich“, entdeckt Grit, „ich brauche doch nur die Elemente $[0]_4$ und 1, $[1]_4$ und i, $[2]_4$ und $-1$ sowie $[3]_4$ und $-$i einander zuzuordnen, um übereinstimmende Strukturtafeln zu erhalten.“ Der Leser prüfe, ob Grit recht hat! „Vielleicht ist diese Strukturgleichheit gar nichts Aufregendes“, gibt Uwe, der alte Skeptiker, zu bedenken, „vielleicht sind Gruppen mit gleicher Elementeanzahl, etwa 4, immer strukturgleich.“ Aber Werner kann dies nach einigem Nachdenken widerlegen: „Verknüpft man in den Gruppen $G_1$ und $G_4$ irgendein Element mit sich selbst, so ergibt sich immer das neutrale Element, in den Gruppen $G_2$ und $G_3$ tritt dies aber nur in zwei von vier Fällen ein. Also können z. B. $G_1$ und $G_2$ nicht strukturgleich sein.“
An dieser Stelle greift der Leiter der Arbeitsgemeinschaft mit der Bemerkung ein, daß Grit vorhin eine Methode entdeckt hat, mit der man den Begriff der Strukturgleichheit – in der Mathematik *Isomorphie* (griech.: von gleicher Gestalt) genannt – auf unendliche Gruppen übertragen kann. An Stelle der „passenden Numerierung“ der Elemente spricht man dann

verallgemeinernd von einer „eineindeutigen Zuordnung" $\varphi$ zwischen den Elementen der einen und den Elementen der anderen Gruppe. Die Aussage von der „Gleichheit der Strukturtafeln" erhält dann die Fassung: Sind den Elementen $a$, $b$ der einen Gruppe die Elemente $\varphi(a)$, $\varphi(b)$ der anderen Gruppe zugeordnet, so müssen auch die Produkte $a \cdot b$ und $\varphi(a) \cdot \varphi(b)$ einander zugeordnet sein, d. h., es muß $\varphi(a \cdot b) = \varphi(a) \cdot \varphi(b)$ gelten. In dieser Gleichung ist zu beachten, daß das Verknüpfungszeichen „·" links für die Operation in der einen Gruppe, rechts für die Operation in der anderen Gruppe steht. Eine Abbildung $\varphi$ mit dieser Eigenschaft heißt *operationstreu* (in vielen Büchern auch *relationstreu*, da man jede Operation auch als Relation auffassen kann). Bei endlichen Gruppen zeigt sich die Operationstreue der eineindeutigen Abbildung $\varphi$ bekanntlich am gleichen Aufbau der Strukturtafeln; die Abb. 29 illustriert diesen Sachverhalt.

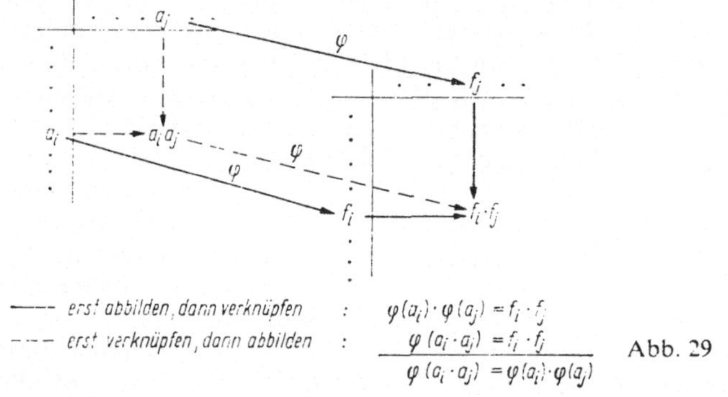


Abb. 29

---

**Definition 4.6:** Die Gruppe $(G_1, \circ_1)$ heißt *isomorph* zur Gruppe $(G_2, \circ_2)$ genau dann, wenn zugleich gelten:

(1) es existiert eine eineindeutige Abbildung $\varphi$ von $G_1$ auf $G_2$;

(2) $\varphi$ ist operationstreu, d. h., für alle $a, b \in G_1$ gilt
$\varphi(a \circ_1 b) = \varphi(a) \circ_2 \varphi(b)$.

Die Abbildung $\varphi$ heißt ein *Isomorphismus* von $G_1$ auf $G_2$.

---

Nun fällt es uns leicht, die Gruppe $(\mathbf{P}^+, \cdot)$ der positiven reellen Zahlen bezüglich der Multiplikation als isomorph zur additiven Gruppe $(\mathbf{P}, +)$ der reellen Zahlen zu erkennen, denn seit Klasse 9 ist uns die eineindeutige Abbildung $\varphi(x) = \lg x$

zwischen $P^+$ und $P$ geläufig, die wegen $\varphi(x \cdot y) = \lg(x \cdot y)$ $= \lg x + \lg y = \varphi(x) + \varphi(y)$ auch operationstreu ist. Auf dieser Isomorphie zwischen $(P^+, \cdot)$ und $(P, +)$ beruhen bekanntlich das logarithmische Rechnen und der Umgang mit dem Rechenstab: die zu einem Produkt gehörende Streckenlänge ergibt sich durch Addition der zu den Faktoren gehörenden Streckenlängen.

Die Relation „ist isomorph zu" zwischen Gruppen ist eine Äquivalenzrelation (vgl. Abschnitt 2.3.), wovon man sich leicht überzeugt; sie heißt *Isomorphie*. In den Äquivalenzklassen sammeln sich dann gerade alle zueinander strukturgleichen Gruppen. Könnte man eine Übersicht über alle Äquivalenzklassen bekommen (dazu würde genügen, aus jeder Klasse einen Repräsentanten zu kennen), so würde man jede konkrete Gruppe vollständig beherrschen, und eine Hauptaufgabe der Gruppentheorie wäre erfüllt. Dieses Problem ist bis heute ungelöst; man muß sich deshalb damit begnügen, mit möglichst vielen Strukturtypen bekannt zu werden. Vollständig beherrscht werden z. B. die zyklischen Gruppen; wir sahen in Abschnitt 4.2., daß jede zyklische Gruppe von $n$ Elementen isomorph ist zum Restklassenmodul mod $n$, und jede unendliche zyklische Gruppe isomorph ist zum Modul der ganzen Zahlen. Die entsprechenden eineindeutigen und operationstreuen Abbildungen sind $\varphi(a^m) = [m]$ bzw. $\varphi(a^m) = m$.

Analog kann man den Begriff der Isomorphie auch für andere algebraische Strukturen einführen, z. B. für Ringe. Da dies Strukturen mit zwei Operationen sind, drückt sich die Operationstreue der Abbildung $\varphi$ natürlich in zwei Gleichungen aus:

$$\varphi(a \oplus b) = \varphi(a) + \varphi(b) \quad \text{und} \quad \varphi(a \odot b) = \varphi(a) \cdot \varphi(b).$$

Die Operationstreue von $\varphi$ sorgt sogar dafür, daß sich die Struktur des Urbildbereiches von $\varphi$ auf den Bildbereich von $\varphi$ überträgt, z. B. gilt:

$$\left.\begin{array}{l} (G_1, \circ_1) \text{ Gruppe;} \\ (G_2, \circ_2) \text{ Menge mit Operation;} \\ (G_1, \circ_1) \text{ isomorph zu } (G_2, \circ_2) \end{array}\right\} \Rightarrow (G_2, \circ_2) \text{ ebenfalls Gruppe.}$$

Für diesen Schluß wird die Eineindeutigkeit von $\varphi$ gar nicht benötigt: bereits eindeutige operationstreue Abbildungen erhalten die Gruppenstruktur. Deshalb ist es sinnvoll, auch derartige Abbildungen zu studieren. Eine solche wäre z. B. die Abbildung $\varphi$ zwischen dem Modul G der ganzen Zahlen und der

Gruppe $G_3$ mit

$$\varphi(n) = \begin{cases} 1, & \text{falls } n \equiv 0 \ (4), \\ i, & \text{falls } n \equiv 1 \ (4), \\ -1, & \text{falls } n \equiv 2 \ (4), \\ -i, & \text{falls } n \equiv 3 \ (4). \end{cases}$$

Eine derartige Abbildung heißt ein *Homomorphismus*, und die Gruppe G heißt *homomorph* zur Gruppe $G_3$. Der Leser überprüfe die Operationstreue des in Abb. 30 veranschaulichten Homomorphismus $\varphi$ (Hinweis: Man überlege zunächst, daß sich $\varphi$ in der Form $\varphi(n) = i^n$ für alle $n \in G$ angeben läßt.)! Formulieren wir die Definition des Begriffes „Homomorphismus", diesmal für Ringe:

---

**Definition 4.7:** Ein Ring $(R_1, +_1, \circ_1)$ heißt *homomorph* zum Ring $(R_2, +_2, \circ_2)$ genau dann, wenn zugleich gelten:

(1) es existiert eine eindeutige Abbildung $\varphi$ von $R_1$ auf $R_2$;

(2) $\varphi$ ist operationstreu, d. h., für alle $a, b \in R_1$ gilt:

$$\varphi(a +_1 b) = \varphi(a) +_2 \varphi(b) \quad \text{und}$$
$$\varphi(a \circ_1 b) = \varphi(a) \circ_2 \varphi(b).$$

---

Aus den Definitionen D(4.6) und D(4.7) folgt, daß jeder Isomorphismus auch ein Homomorphismus ist. Die Umkehrung dieser Aussage gilt nicht.

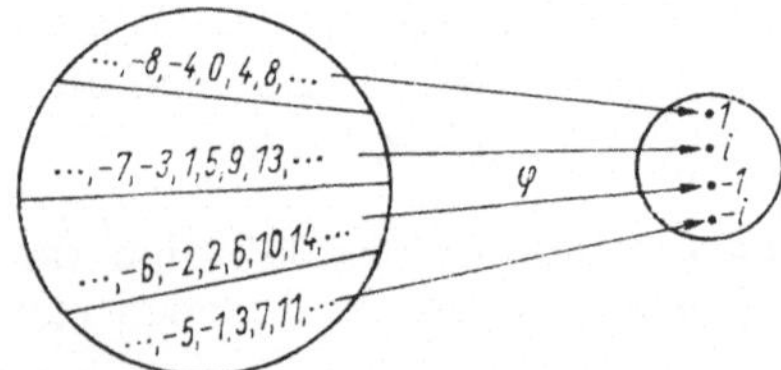


Abb. 30

Kehren wir zum obigen Beispiel der Gruppen G und $G_3$ zurück. Da die Abbildung $\varphi$ (nur) eindeutig ist, wäre es naheliegend, den Definitionsbereich von $\varphi$, also G, in Klassen bildgleicher Elemente einzuteilen. Es ist leicht zu übersehen, daß diese Klassen gerade die Restklassen mod 4 sind, die ihrerseits bezüglich der Restklassen-Addition eine Gruppe $G_2$ bilden. Ist, allgemein gesprochen, $\varphi$ eine homomorphe Abbildung von G auf G', so wissen wir aus Abschnitt 1.7., daß die Einteilung des Definitionsbereiches $G$ von $\varphi$ in Klassen bildgleicher Elemente eine Zerlegung ist, und weiter ist uns aus 2.3. bekannt, daß diese Zerlegung durch eine eindeutig bestimmte Äquivalenzrelation $R$ hervorgerufen werden kann. In unserem Beispiel ist dies offenbar die Kongruenz mod 4; vgl. Abb. 30. Die Operationstreue von $\varphi$ hat zur Folge, daß diese Äquivalenzrelation sogar eine Kongruenzrelation ist (vgl. Abschnitt 3.4.): Aus $aRa'$ und $bRb'$ folgt $(a \cdot b) R(a' \cdot b')$, denn $aRa'$ (bzw. $bRb'$) bedeutet $\varphi(a) = \varphi(a')$ (bzw. $\varphi(b) = \varphi(b')$), und wegen der Operationstreue von $\varphi$ ist $\varphi(a \cdot b) = \varphi(a) \cdot \varphi(b) = \varphi(a') \cdot \varphi(b') = \varphi(a' \cdot b')$, also $(a \cdot b) R(a' \cdot b')$. Deshalb können wir in der Quotientenmenge $G/R$ repräsentantenweise eine Operation einführen (vgl. Abschnitt 3.4.); in unserem Beispiel die Addition von Restklassen mod 4. Der so entstehende Restklassenmodul mod 4 ist – wie wir schon wissen – dann sogar isomorph zur Gruppe $G_3$. Dies nehmen wir zum Anlaß zu der Frage: „Folgt aus $G$ homomorph zu $G'$ stets $G/R$ isomorph zu $G'$, wenn $G/R$ die Zerlegung von $G$ in Klassen $\varphi$-bildgleicher Elemente ist ($\varphi$ Homomorphismus von $G$ auf $G'$)?" Diese Frage läßt sich bejahen: Ist $\varphi$ eine eindeutige und operationstreue Abbildung von $G$ auf $G'$ und bezeichnet $[a]$ die Klasse aller Elemente von $G$ mit demselben Bild $\varphi(a)$, so ist die Abbildung $\psi$ mit $\psi([a]) = \varphi(a)$ eine eineindeutige und operationstreue Abbildung von $G/R$ auf $G'$.

Eine weitere Folge der Operationstreue des Homomorphismus $\varphi$ ist, daß die o. g. Kongruenzrelation $R$ bereits eindeutig festgelegt ist durch die Klasse $U$ aller Elemente von $G$, deren Bild das neutrale Element $e'$ von $G'$ ist, denn es gilt: $aRb \Leftrightarrow ab^{-1} \in U$. Diese Menge $U$ heißt der *Kern* des Homomorphismus $\varphi$. Der Beweis ergibt sich einfach durch Nachrechnen:

$$aRb \Leftrightarrow \varphi(a) = \varphi(b) \Leftrightarrow \varphi(a)\,\varphi(b)^{-1} = e'$$

$$\Leftrightarrow \varphi(a)\,\varphi(b^{-1}) = \varphi(ab^{-1}) = e' \Leftrightarrow ab^{-1} \in U.$$

In unserem Beispiel ist $U$ die Menge aller ganzzahligen Vielfachen von 4, denn zwei Elemente $a, b \in G$ haben dasselbe $\varphi$-Bild genau dann, wenn $a \equiv b$ (4), d. h. wenn $a - b \equiv 0$ (4) bzw. $a - b \in U$ ist. Da die Gruppenoperation in unserem Beispiel die Addition ist, braucht sich niemand zu wundern, daß wir jetzt statt $ab^{-1}$ zu schreiben haben $a + (-b) = a - b$. Die eben durchgeführte Überlegung, daß die homomorphe Abbildung $\varphi$ von $G$ auf $G'$ bereits eindeutig festgelegt ist durch ihren Kern, gibt Anlaß zu der Frage: „Welche Eigenschaften sind für eine nichtleere Teilmenge $U$ von $G$ notwendig und hinreichend, damit $U$ Kern eines Homomorphismus ist?" Gelänge es nämlich, alle Teilmengen $U$ von $G$ anzugeben, die als Kerne von homomorphen Abbildungen von $G$ in Frage kommen, so würde man alle homomorphen Bilder von $G$ überblicken. Dieser Frage wenden wir uns im nächsten Abschnitt noch einmal zu.

## Wachsende Vorräte

**4.4. Abgeleitete Strukturen: Wie man aus Strukturen weitere gewinnen kann.**

Schon im Kapitel 1 haben wir gesehen, wie sich, ausgehend von einer Menge $M$, weitere Mengen erzeugen lassen. Beispielsweise kann man die Teilmengen von $M$ betrachten, oder man kann zum kartesischen Produkt $M \times M$ übergehen, oder man bildet mit Hilfe einer Äquivalenzrelation $R$ in $M$ die Quotientenmenge $M/R$. Versuchen wir, auf diese Weise auch unseren Vorrat an Strukturen, beispielsweise an Gruppen, zu vergrößern.

a) *Unterstrukturen*

Ist $(G, \cdot)$ eine Gruppe und $U$ eine nichtleere Teilmenge von $G$, so ist $(U, \cdot)$ i. allg. keine Gruppe. Beispielsweise ist die Menge $P$ der Primzahlen wohl eine Teilmenge von G, aber $(P, +)$ ist keine Gruppe, weil beispielsweise $3 \in P$, $5 \in P$ und $3 + 5 = 8$, aber $8 \notin P$ ist. Deshalb werden wir $(P, +)$ nicht als Untergruppe von $(G, +)$ auffassen. Erfüllt hingegen die Teilmenge $U$ von $G$ bezüglich der in der Gruppe $G$ definierten Operation[1]) selbst die Gruppenaxiome, nennen wir $(U, \cdot)$ eine *Untergruppe* von $(G, \cdot)$. So bilden z. B. die positiven rationalen Zahlen bezüglich der Multiplikation eine Untergruppe von $(P \setminus \{0\}, \cdot)$. Es sind *alle* Gruppenaxiome für $(U, \cdot)$ bereits erfüllt, wenn nur $U$ bezüglich der Operation abgeschlossen ist und das Inverse jedes Elementes von $U$ wieder zu $U$ gehört. Denn wenn das Assoziativgesetz für alle Elemente aus $G$ erfüllt ist, gilt es natürlich erst recht auch für alle Elemente aus $U$.

---

[1]) Genau genommen wird in $U$ nicht dieselbe Operation wie in $G$ betrachtet, sondern die auf den Definitionsbereich $U$ eingeschränkte Operation.

Das in $G$ vorhandene neutrale Element $e$ gehört unter den genannten Voraussetzungen sicher auch zu $U$, denn da $U \neq \emptyset$, gibt es ein $a \in U$ und folglich auch $a^{-1} \in U$, also $a \cdot a^{-1} = e \in U$. Deshalb können wir sagen: Ist $(G, \cdot)$ eine Gruppe, $U$ eine nichtleere Teilmenge von $G$, so ist $(U, \cdot)$ eine Untergruppe von $(G, \cdot)$ genau dann, wenn mit $a \in U$ und $b \in U$ stets auch $a \cdot b \in U$ und $a^{-1} \in U$ gelten.

*Beispiele*: Jede Gruppe $(G, \cdot)$ enthält zwei triviale Untergruppen, nämlich $G$ selbst und die nur aus dem neutralen Element $e$ bestehende Untergruppe.

In der additiven Gruppe der ganzen Zahlen bilden alle Vielfachen einer festen ganzen Zahl $m$ eine Untergruppe. Dagegen ist z. B. die Menge der ungeraden Zahlen keine Untergruppe von $(G, +)$, denn die Summe zweier ungerader Zahlen ist gerade. Die Gruppe $G_3$ aus Abschnit 4.3. mit den Elementen $1$, $-1$, i und $-$i enthält die Untergruppe mit den Elementen $1$ und $-1$.

In der Gruppe aller Permutationen von 4 Elementen (vgl. Abschnitt 3.1.) bildet die Menge $V = \left\{ \pi_0 = \begin{pmatrix} 1 & 2 & 3 & 4 \\ 1 & 2 & 3 & 4 \end{pmatrix} \right.,$

$\pi_1 = \begin{pmatrix} 1 & 2 & 3 & 4 \\ 2 & 1 & 4 & 3 \end{pmatrix}, \pi_2 = \begin{pmatrix} 1 & 2 & 3 & 4 \\ 3 & 4 & 1 & 2 \end{pmatrix}, \pi_3 = \left. \begin{pmatrix} 1 & 2 & 3 & 4 \\ 4 & 3 & 2 & 1 \end{pmatrix} \right\}$ bezüglich der Nacheinanderausführung eine Untergruppe, wovon sich der Leser am besten durch das Aufstellen einer Strukturtafel für $V$ überzeugt.

In analoger Weise kann man auch Unterringe und Unterkörper einführen; dem Leser wird es gewiß nicht schwerfallen, nach dem Vorbild des Begriffs „Untergruppe" zu erklären, was unter einem „Unterring" zu verstehen ist. Beispielsweise bildet die Menge aller Diagonalmatrizen, das sind $(n,n)$-Matrizen mit der Eigenschaft $a_{ik} = 0$ für $i \neq k$, bezüglich der Addition und Multiplikation von Matrizen einen Ring und somit einen Unterring des Ringes aller $(n,n)$-Matrizen. Als einfacheres Beispiel sei noch der Unterring der geraden Zahlen im Ring der ganzen Zahlen erwähnt. Der Körper der reellen Zahlen enthält den Körper der rationalen Zahlen als Unterkörper.

Wir können jetzt auf die am Ende von Abschnitt 4.3. gestellte Frage zurückkommen, welche Teilmengen $U$ einer Gruppe $G$ Kern eines Homomorphismus $\varphi$ von $G$ sein können. Der Kern $U$ von $\varphi$ ist bekanntlich die Menge aller Elemente $a \in G$ mit $\varphi(a) = e'$. Dabei bezeichnen $G$ die Original-, $G'$ die Bildgruppe, $e$ bzw. $e'$ die neutralen Elemente von $G$ bzw. $G'$. Sicher ist

$e \in U$, d. h. $\varphi(e) = e'$, wie man wegen der Kürzbarkeit der Gruppenoperation sofort der Gleichung $\varphi(a) \cdot e' = \varphi(a) = \varphi(a \cdot e) = \varphi(a) \cdot \varphi(e)$ entnimmt. Ist $a, b \in U$, also $\varphi(a) = \varphi(b) = e'$, so gilt auch $\varphi(a \cdot b) = \varphi(a) \cdot \varphi(b) = e' \cdot e' = e'$, d. h. aber $a \cdot b \in U$. Weiter ist mit $a \in U$ auch $a^{-1} \in U$, denn man erhält

$$\varphi(a^{-1}) = \varphi(a^{-1}) \cdot e' = \varphi(a^{-1}) \cdot \varphi(a) = \varphi(a^{-1} \cdot a) = \varphi(e) = e'.$$

Als „Nebenprodukt" läßt sich dieser Gleichungskette auch $\varphi(a^{-1}) \cdot \varphi(a) = e'$ entnehmen und damit $\varphi(a^{-1}) = \varphi(a)^{-1}$; in Worten: das Bild des Inversen von $a$ ist gleich dem Inversen des Bildes von $a$. Von dieser Erkenntnis haben wir bereits im Abschnitt 4.3. stillschweigend Gebrauch gemacht. Der Leser suche die betreffende Stelle selbst auf!

Unsere Überlegungen haben gezeigt: Notwendig dafür, daß eine nichtleere Teilmenge $U$ von $G$ Kern eines Homomorphismus von $G$ sein kann, ist die Untergruppeneigenschaft von $U$.

Man kann zeigen, daß für kommutative Gruppen diese Bedingung auch hinreichend ist; für nichtkommutative Gruppen hingegen kann nicht jede Untergruppe Kern eines Homomorphismus sein, man muß sich durch eine weitere Bedingung auf bestimmte Untergruppen, auch *Normalteiler* genannt, beschränken. Analoge Aussagen gelten für Ringe; der Kern eines jeden Ringhomomorphismus, d. i. die Menge aller Elemente des Originalringes, deren Bild das Nullelement des Bildringes ist, muß ein Unterring sein. Die Umkehrung gilt nur für kommutative Ringe, andernfalls muß man sich auf spezielle Unterringe, sogenannte *Ideale*, zurückziehen. Hier Näheres dazu auszuführen, hieße allerdings den Rahmen dieses Büchleins zu sprengen.

## b) *Produktstrukturen*

Eine weitere Möglichkeit, aus bekannten Strukturen neue zu gewinnen, besteht im Übergang zu kartesischen Produkten. Sind beispielsweise $(G_1, \circ_1)$ und $(G_2, \circ_2)$ Gruppen, so wird das kartesische Produkt $G = G_1 \times G_2$ zu einer Gruppe, wenn man als Operation $\circ$ in $G$ definiert:

$$(a_1, a_2) \circ (b_1, b_2) = (a_1 \circ_1 b_1, a_2 \circ_2 b_2),$$

d. h., man bildet das Produkt in $G$ komponentenweise. Offensichtlich ist $G$ bezüglich $\circ$ abgeschlossen, das neutrale Element ist $(e_1, e_2)$, und das Element $(a_1^{-1}, a_2^{-1})$ ist invers zu $(a_1, a_2)$. Schließlich zeigt eine einfache Rechnung, die der Leser ausführen möge, daß die Operation $\circ$ auch assoziativ ist. $(G, \circ)$ heißt das *direkte Produkt* der Gruppen $(G_1, \circ_1)$ und $(G_2, \circ_2)$. Ebenso kann man auch bei anderen Strukturen, etwa bei Ringen, vorgehen. Es ist dabei nicht notwendig, die Operationen im kartesischen Produkt komponentenweise einzuführen; auch andere Definitionen von Summe und Produkt führen möglicherweise wieder zu Ringstrukturen (was dann aber jeweils erst untersucht werden muß). Geht man beispielsweise vom Körper P der reellen Zahlen über zum kartesischen Produkt P × P mit den Operationen

$$(a_1, a_2) \oplus (b_1, b_2) = (a_1 + b_1, a_2 + b_2)$$

$$(a_1, a_2) \odot (b_1, b_2) = (a_1 b_1 - a_2 b_2, a_1 b_2 + a_2 b_1),$$

so ist auch (P × P, $\oplus$, $\odot$) ein Körper, der isomorph zum Körper der komplexen Zahlen ist. Letzteres sieht man sofort, wenn man statt $(a_1, a_2)$ wie üblich $a_1 + i a_2$ schreibt; dann wird durch die obige Definition von Addition und Multiplikation gerade die übliche Addition und Multiplikation komplexer Zahlen charakterisiert.

c) *Quotientenstrukturen*

Ausgehend von einer algebraischen Struktur, etwa einer Gruppe $(G, \cdot)$, kann man weitere solche Strukturen auch durch Betrachtung der homomorphen Bilder dieser Struktur gewinnen. Aus Abschnitt 4.3. wissen wir, daß damit gleichbedeutend ist, zu den Quotientenmengen $G/R$ nach einer Kongruenzrelation $R$ überzugehen und die Operationen zwischen den Äquivalenzklassen repräsentantenweise zu definieren. Man erhält auf diese Weise eine sogenannte *Quotientenstruktur*, die vom selben Typ ist wie die Ausgangsstruktur. Ist also $(G, \cdot)$ eine Gruppe, so ist auch $(G/R, \circ)$ eine Gruppe, *Quotientengruppe* oder auch *Faktorgruppe* von $G$ nach $R$ genannt. Mit diesem Konstruktionsverfahren entstehen z. B. aus dem Modul (G, +) der ganzen Zahlen die Restklassenmoduln mod $m$, indem man als Kongruenzrelation $R$ die übliche Kongruenz ganzer Zahlen nimmt, bzw. aus dem Ring (G, +, ·) der ganzen Zahlen die Restklassenringe mod $m$.

d) Sehr fruchtbar erweisen sich hin und wieder Kombinationen der verschiedenen Möglichkeiten der Erzeugung neuer Strukturen; zuweilen entstehen dadurch sogar „höher organisierte" Strukturen. Wir demonstrieren dies an dem Übergang vom Ring (G, +, ·) der ganzen Zahlen zum Körper (R, +, ·) der rationalen Zahlen. Vom algebraischen Standpunkt gewinnt man (R, +, ·) als Quotientenstruktur des kartesischen Produktes G × (G \ {0}). Man geht nämlich zunächst von G über zur Menge G × (G \ {0}) aller geordneten Paare $(a, b)$ aus ganzen

Zahlen, die man gewöhnlich in der Form $\frac{a}{b}$ schreibt und Brüche nennt (zweite Komponente $b \neq 0$; deshalb $G \setminus \{0\}$). Die Quotientengleichheit $=_Q$, definiert durch $\frac{a}{b} =_Q \frac{c}{d}$ genau dann, wenn $ad = cb$, ist eine Äquivalenzrelation, und in der Quotientenmenge $(G \times (G \setminus \{0\}))/=_Q$ können Addition und Multiplikation repräsentantenweise definiert werden durch

$$\left[\frac{a}{b}\right] \oplus \left[\frac{c}{d}\right] = \left[\frac{ad + bc}{bd}\right]; \qquad \left[\frac{a}{b}\right] \odot \left[\frac{c}{d}\right] = \left[\frac{ac}{bd}\right],$$

da sich die Quotientengleichheit als verträglich mit den Operationen $+$ und $\cdot$ zwischen Brüchen, d. h. als Kongruenzrelation, erweist. Die Klassen heißen rationale Zahlen. Das hier an einem Beispiel verdeutlichte Verfahren, von einem Ring überzugehen zu einem Körper, indem man die im Ring i. allg. nicht definierten „Quotienten" $\frac{a}{b}$ betrachtet und die Operationen zwischen ihnen in voller Analogie zur Bruchrechnung definiert, läßt sich weitgehend verallgemeinern. Ist $R$ ein kommutativer Ring mit Einselement $e$, in dem ein Produkt dann und nur dann Null ist, wenn mindestens einer der Faktoren Null, genauer das Nullelement, ist, so gelangt man – von $R$ ausgehend – in der angegebenen Weise stets zu einem Körper $K$. Dieser heißt *Quotientenkörper* von $R$ und hat folgende Eigenschaften:

- In $K$ gibt es einen zu $R$ isomorphen Unterring $\bar{R}$ (in unserem Beispiel die Menge aller rationalen Zahlen $\left[\frac{a}{1}\right]$), wofür man dann grob „$K$ enthält $R$" sagen kann.
- Unter allen Körpern, die $\bar{R}$ umfassen, ist $K$ der kleinste (für unser Beispiel heißt das, es gibt keinen Körper, der echt zwischen dem Ring der ganzen Zahlen und dem Körper der rationalen Zahlen liegt).
- $K$ ist bis auf Isomorphie eindeutig bestimmt und demzufolge insbesondere nicht vom Konstruktionsverfahren abhängig (deshalb erhält man in der Schule auch den Körper der rationalen Zahlen, obwohl man in Klasse 6 zunächst vom Halbring der natürlichen Zahlen zum Halbkörper der ge-

brochenen Zahlen und von diesem dann durch Hinzunahme der entsprechenden „negativen" Zahlen – in Klasse 7 – zum Körper der rationalen Zahlen übergeht).

## 4.5. Aufgaben

1. Man fülle die Tabelle in Abschnitt 4.1. vollständig aus und begründe die Eintragungen.

2. Man untersuche folgende Gebilde auf Halbgruppen- bzw. Gruppen- bzw. Moduleigenschaft:

a) $(\mathscr{P}(M), \cap)$,        c) $(R^*, \cdot)$,
b) $(M_{(2\,;\,2)}, \cdot)$,        d) $(P, \cdot)$,
e) $(U, \circ)$ mit $U = \{1, 2, 3, ..., 12\}$    und

$$a \circ b = \begin{cases} a + b, & \text{falls } a + b \leq 12, \\ a + b - 12, & \text{falls } a + b > 12. \end{cases}$$

(Die Operation $\circ$ heißt häufig die „Uhr-Addition".)
f) Die Menge $S$ aller über dem abgeschlossenen Intervall $[a, b]$ definierten stetigen Funktionen bezüglich der Addition von Funktionen.
g) Die Menge $L$ aller über dem abgeschlossenen Intervall $[a, b]$ definierten linearen Funktionen bezüglich der Addition von Funktionen.
h) Die Menge aller Matrizen der Gestalt (1) mit $0 \leq \varphi < 2\pi$ bezüglich der Matrizenmultiplikation.

$$(1) \quad \begin{pmatrix} \cos \varphi & -\sin \varphi \\ \sin \varphi & \cos \varphi \end{pmatrix}$$

3. a) Ist Tafel 1 Verknüpfungstafel einer Gruppe?
b) Man rekonstruiere die Gruppentafel 2.
c) Welches Element muß in Tafel 3 an Stelle des Fragezeichens stehen?

| | $e$ | $a$ | $b$ | $c$ | $d$ |
|---|---|---|---|---|---|
| $e$ | $e$ | $a$ | $b$ | $c$ | $d$ |
| $a$ | $a$ | $e$ | $c$ | $d$ | $b$ |
| $b$ | $b$ | $d$ | $e$ | $a$ | $c$ |
| $c$ | $c$ | $b$ | $d$ | $e$ | $a$ |
| $d$ | $d$ | $c$ | $a$ | $b$ | $e$ |

| | $a_1$ | $a_2$ | $a_3$ | $a_4$ | $a_5$ |
|---|---|---|---|---|---|
| $a_1$ | | | | $a_4$ | |
| $a_2$ | | $a_3$ | $a_4$ | | |
| $a_3$ | | | | | |
| $a_4$ | | | | | |
| $a_5$ | | | | | |

| | $\cdot$ | $e$ | $\cdot$ |
|---|---|---|---|
| | $\vdots$ | $\vdots$ | $\vdots$ |
| | $... e ...$ | | $a ...$ |
| | $... b ...$ | | $? ...$ |
| | $\vdots$ | $\vdots$ | $\vdots$ |

4. Man untersuche folgende Gebilde auf Ring- bzw. Körper-
eigenschaft:

a) $(M_{(2;2)}, +, \cdot)$,        c) $(G/(4), +, \cdot)$,
b) $(R^*, +, \cdot)$,              d) $(G/(3), +, \cdot)$.
e) Die Menge der geordneten Paare $(a, b)$ reeller Zahlen
bezüglich komponentenweise definierter Addition und
Multiplikation.
f) Die Menge aus Aufgabe e), wobei jetzt die Multiplikation
definiert ist durch

$$(a_1, b_1) \cdot (a_2, b_2) = (a_1 a_2 - b_1 b_2, a_1 b_2 + a_2 b_1).$$

5. Man beweise:

a) Jede endliche reguläre Halbgruppe ist Gruppe.
b) Das neutrale Element einer Gruppe $(G, \circ)$ stimmt mit
dem neutralen Element jeder ihrer Untergruppen $(U, \circ)$
überein.
c) Die Vereinigung zweier Untergruppen einer Gruppe
$(G, \circ)$ ist nicht notwendig wieder eine Untergruppe von
$(G, \circ)$.
d) In Ringen gelten für beliebige Elemente $a$, $b$ die Regeln:
$(-a)\, b = -(ab),\quad a(-b) = -(ab),\quad (-a)\,(-b) = ab$,
e) In einem Körper gelten die binomischen Formeln, z. B.
$(a + b)^2 = a^2 + 2ab + b^2$.

6. Man konstruiere einen Körper mit zwei (analog: mit drei)
Elementen durch Angabe der Strukturtafeln.

7. Man prüfe, ob die folgenden Abbildungen Isomorphismen
bzw. Homomorphismen sind ($n$ bedeutet eine feste positive
ganze Zahl):

a) $\varphi$ von $(P, +)$ auf $(P, +)$ mit $\varphi(a) = na$ für alle $a \in P$;
b) $\varphi$ von $(P^*, \cdot)$ auf $(P^*, \cdot)$ mit $\varphi(a) = a^n$ für alle $a \in P^*$;
c) $\varphi$ von $(P \setminus \{0\}, \cdot)$ auf $(P^*, \cdot)$ mit $\varphi(a) = |a|$ für alle
$a \in P \setminus \{0\}$;
d) $\varphi$ von $(\mathscr{P}(M), \cap)$ auf $(\mathscr{P}(M), \cup)$ mit $\varphi(A) = \bar{A}$ für alle
$A \in \mathscr{P}(M)$;
e) $\varphi$ von $(C, \cdot)$ auf $(C, \cdot)$ mit $\varphi(z) = \bar{z}$ für alle $z \in C$ ($\bar{z}$ ist
die zu $z$ konjugiert komplexe Zahl).

8. a) Man zeige, daß die Gruppe $G_1$ aus Abschnitt 4.3. isomorph ist zur primen Restklassengruppe mod 8.
b) Man definiere eine homomorphe Abbildung $\varphi$ von
$(G, +)$ auf $(H, +)$, wobei $(H, +)$ irgendeine zweielementige
Gruppe ist.

c) Man zeige: Der Restklassenmodul mod 6, die primen Restklassengruppen mod 7 und mod 9 sind paarweise zueinander isomorph. Der Restklassenmodul mod 6 ist zyklisch; was folgt daraus für die beiden anderen Gruppen?
d) Man untersuche, für welche Gruppen $(G, \circ)$ die Abbildung $\varphi$ mit $\varphi(a) = a^{-1}$ für alle $a \in G$ ein Isomorphismus von $(G, \circ)$ auf sich ist.

9. a) Man ermittle alle Untergruppen der primen Restklassengruppe mod 15.
b) Man bestimme alle Untergruppen der zyklischen Gruppe der Ordnung 12 und gebe für jede ein erzeugendes Element an.
c) Man gebe alle homomorphen Bilder der Gruppe der primen Restklassen mod 15 an. (Hinweis: Man benutze die Lösung der Aufgabe 9a; damit hat man die Kerne aller Homomorphismen gefunden.)

# Nachbemerkung

Obwohl der Titel unseres Büchleins verspricht, daß „aller Anfang leicht ist", wird dem Leser, der es mit Aufmerksamkeit und ehrlichem Bemühen bis zu dieser Stelle studiert hat, die Lektüre manchmal auch mühevoll gewesen sein. Aber, wie man zu sagen pflegt, „vor den Erfolg haben die Götter den Schweiß gesetzt", und der erfolgreiche Leser kann mit berechtigtem Stolz sagen, daß er sich die Anfänge der Algebra erarbeitet hat.

Freilich sind es eben nur Anfänge, und mehr kann von einem Büchlein solch bescheidenen Umfangs wohl kaum erwartet werden, wenn man bedenkt, wie viele Generationen von Mathematikern an dem Gebäude der Algebra gebaut haben. Der Leser konnte gleichsam nur einen Blick durch das Schlüsselloch werfen. Aber immerhin – er sieht etwas. Wenngleich er es auch in seiner Gesamtheit und Ausdehnung nicht überblicken kann, erkennt er doch sowohl Fundamente als auch einige wesentliche Konturen dieses Gebäudes.

Und mehr noch: Unserem aufmerksamen Leser haben wir den Schlüssel in die Hand gegeben, der ihm die Tür zur Algebra öffnen kann, denn algebraisches Denken, viele grundlegende Beweismethoden und Arbeitstechniken bei der Untersuchung von Strukturen und der Konstruktion solcher Gebilde, die reichen Möglichkeiten der Anwendung algebraischen Gedankengutes beim Ordnen und Systematisieren bekannter mathematischer Tatsachen, aber auch beim Erforschen neuer Zusammenhänge lassen sich bereits durch das Studium der Anfänge der Algebra erlernen.

In diesem Sinne wünschen wir, daß möglichst viele Leser Appetit auf noch mehr Algebra bekommen haben und jenen Schlüssel nutzen, um die Tür zu ihrem Gedankengebäude noch etwas weiter aufzustoßen.

# Lösungshinweise

*Kapitel* 1:

1. $M_1 = \{x \mid x \in R \text{ und } |x| > 2\}$,
   $M_2 = \{x \mid x \in G \text{ und } x^2 = 1\}$,
   $M_3 = \left\{x \mid x \in R \text{ und } \dfrac{22}{7} < x < \pi\right\} = \emptyset$.

2. Der Durchschnitt ist die Menge, die nur aus dem Punkt $(2; 1)$ besteht.

3. 

| $A$ | $B$ | $A \cap B$ | $A \cup (A \cap B)$ |
|---|---|---|---|
| 1 | 1 | 1 | 1 |
| 1 | 0 | 0 | 1 |
| 0 | 1 | 0 | 0 |
| 0 | 0 | 0 | 0 |

Der Vergleich der ersten und vierten Spalte liefert die Behauptung a), und b) beweist man analog.

4. Aus $A \subseteq B \subseteq C$ folgt $A \cup B = B$ und $B \cap C = B$, also $A \cup B = B \cap C$.
   Umgekehrt folgt aus $A \cup B = B \cap C$, daß $A \cup B \subseteq B$; also liegt jedes $x \in A$ auch in $B$. Andererseits entnimmt man der Voraussetzung auch $B \cap C \supseteq B$, d. h., jedes $x \in B$ muß auch in $C$ liegen.

5. Mit $A_i$, $A_k$ disjunkt $\Rightarrow A_i \cap A_k = \emptyset$ und mit $A \cap \emptyset = \emptyset$ für jede Menge $A$ folgt die Behauptung unmittelbar. Die Umkehrung gilt nicht, wie man durch Konstruktion eines Gegenbeispiels zeigen kann.

6. Alle Aussagen sind (paarweise) zueinander äquivalent.

7. Angenommen, $A \cup B \not\subseteq Z$, dann existiert ein $x \in A \cup B$ mit $x \notin Z$. Wegen $x \in A \cup B$ gilt $x \in A$ oder $x \in B$. In beiden Fällen erhält man mit $x \in Z$ einen Widerspruch.

8. Nur d) ist wahr.

9. a) $A \cap C$,   b) $A \cap B$,   c) $A$,   d) $A \cap B$,   e) $\emptyset$.

10. $A \times B$ besteht aus $r \cdot s$ Elementen.

11. $A \times C = B \times C$ bedeutet, daß sowohl $A \times C \subseteq B \times C$ als auch $B \times C \subseteq A \times C$ gilt. Nach einer am Ende von

11*

Abschnitt 1.5. erwähnten Regel folgt aus der ersten Inklusion $A \subseteq B$, und $B \subseteq A$ folgt aus der zweiten Inklusion. Daraus folgt $A = B$.

12. $F_1$, $F_2$ und $F_4$ sind Funktionen; nur $F_4$ ist eine eineindeutige Abbildung.

13. Die gesuchten Funktionen können durch folgende Gleichungen beschrieben werden:

$$f^2(x) = x^4 + 2x^2 + 2, \quad g^2(x) = 9x + 8,$$
$$(fg)(x) = 3x^2 + 5, \quad (gf)(x) = 9x^2 + 12x + 5,$$
$$f^{-1}(x) = \sqrt{x - 1}, \quad g^{-1}(x) = \frac{1}{3}(x - 2).$$

14. c) und d) sind Zerlegungen; a) und b) nicht.

15. Die Einteilung ist eine Zerlegung. Dies ist leicht zu sehen, wenn man von den Ähnlichkeitsabbildungen weiß:

(1) Mit zwei Ähnlichkeitsabbildungen ist auch ihr Produkt eine solche.

(2) Mit einer Ähnlichkeitsabbildung ist auch ihre Inverse eine solche.

(3) Die identische Abbildung ist eine Ähnlichkeitsabbildung.

16. Nur $M_2$ und $M_6$ sind endliche Mengen.

17. Eine eineindeutige Abbildung von der Menge aller Stammbrüche auf N wird vermittelt durch die Abbildung $\varphi$ mit

$$\varphi\left(\frac{1}{n}\right) = n.$$

Zum Nachweis der zweiten Behauptung vgl. Hinweis zu Aufgabe 18.

18. Man numeriere die gebrochenen Zahlen in der Reihenfolge, wie dies folgendes Schema zeigt. Man erhält eine eineindeutige Abbildung von R* auf N. Diese Abbildungsvorschrift kann auch auf die Menge aller geordneten Paare natürlicher Zahlen angewandt werden.

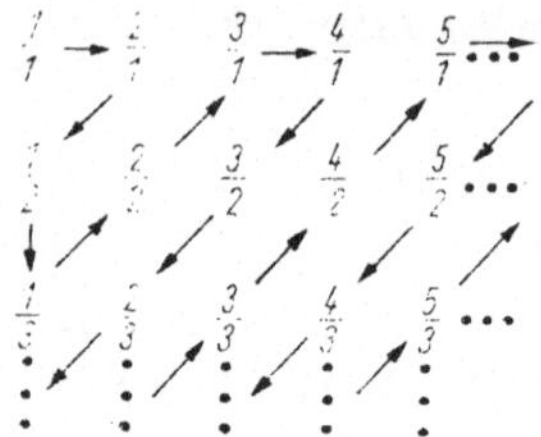

*Kapitel 2:*

1. a) $\{(1;0), (2;1), (3;2), (4;3), (5;4)\}$.

   b) Mit den Bezeichnungen $M_1 = \{1\}$, $M_2 = \{2\}$, $M_3 = \{3\}$, $M_4 = \{1;2\}$, $M_5 = \{1;3\}$, $M_6 = \{2;3\}$ ist

   $R = \{(\emptyset, M_1), (\emptyset, M_2), (\emptyset, M_3), (\emptyset, M_4), (\emptyset, M_5), (\emptyset, M_6), (\emptyset, M),$
   $(M_1, M_4), (M_1, M_5), (M_1, M), (M_2, M_4),$
   $(M_2, M_6), (M_2, M), (M_3, M_5), (M_3, M_6), (M_3, M),$
   $(M_4, M), (M_5, M), (M_6, M)\}$.

   c) $R = \{(2;2), (2;4), (2;8), (2;60), (4;4), (4;8), (4;60),$
   $(5;5), (5;45), (5;60), (8;8), (45;45), (60;60)\}$.

2. $M \times M = \{(1;1), (1;2), (2;1), (2;2)\}$. Mit den Abkürzungen $a = (1;1)$, $b = (1;2)$, $c = (2;1)$ und $d = (2;2)$ stellen sich alle Relationen in $M$ so dar:

   $R_1 = \emptyset$, $R_2 = \{a\}$, $R_3 = \{b\}$, $R_4 = \{c\}$, $R_5 = \{d\}$,
   $R_6 = \{a, b\}$, $R_7 = \{a, c\}$, $R_8 = \{a, d\}$, $R_9 = \{b, c\}$,
   $R_{10} = \{b, d\}$, $R_{11} = \{c, d\}$, $R_{12} = \{a, b, c\}$,
   $R_{13} = \{a, b, d\}$, $R_{14} = \{a, c, d\}$, $R_{15} = \{b, c, d\}$,
   $R_{16} = M \times M$.

   Jede Relation in $M$ ist nach Definition eine Teilmenge von $M \times M$. Also gibt es so viele Relationen in $M$ wie es Teilmengen von $M \times M$ gibt. Besteht $M$ aus $n$ Elementen, so hat $M \times M$ $n^2$ Elemente und $\mathscr{P}(M \times M)$ nach Kapitel 1 $2^{n^2}$ Elemente.

3. $R_1 = \{(1;1), (1;3), (1;5), (3;1), (3;3), (3;5), (5;1),$
   $(5;3), (5;5)\}$
   $R_2 = \{(1;3), (2;4), (3;5), (4;6)\}$
   Nun kann man unmittelbar Pfeildiagramm und Graph von $R_1$ bzw. $R_2$ angeben.

4. a) Etwa die Relation „$<$" in $\mathbf{N}$.

   b) Zum Beispiel $R = \{(1;1), (1;2), (2;1), (2;2)\}$ in $M = \{1, 2, 3\}$.

   c) $R \subset S$ gilt z. B. für die Relationen $R$: „ist echter Teiler von" und $S$: „ist Teiler von", beide in $\mathbf{N}$.

   d) Die Relationen „ist unmittelbarer Nachfolger" in $\mathbf{N}$ und „ist unmittelbarer Vorgänger" in $\mathbf{N}$ sind Beispiele für zueinander inverse Relationen.

5. a) Stets gilt: $(x, y) \in R \Rightarrow (x, y) \in R^{-1}$. Ist $R = R^{-1}$, so ist also mit $(x, y) \in R$ auch $(y, x) \in R$, d. h., $R$ symmetrisch. Ist umgekehrt $R$ symmetrisch, so gilt $R = R^{-1}$, da alle

obigen Schlüsse umkehrbar sind. Also sind die Aussagen „$R$ symmetrisch" und „$R = R^{-1}$" äquivalent.

b) $R_i \subseteq R$ bedeutet, daß für alle $x \in M$ wegen $(x, x) \in R_i$ gilt: $(x, x) \in R$, d. h., $R$ reflexiv. Umgekehrt ist für reflexives $R$ auch $R_i \subseteq R$.

c) Ist $(x, y) \in R$ und $(y, z) \in R$, so gilt $(x, z) \in R \cdot R$ (Nacheinanderausführung von Abbildungen). Falls nun $R \cdot R \subseteq R$, so bedeutet dies die Transitivität von $R$. Umgekehrt folgt aus der Transitivität von $R$ die Aussage $R \cdot R \subseteq R$.

Die Resultate von a) bis c) kann man demnach zusammenfassen zu:

$R$ reflexiv $\Leftrightarrow R_i \subseteq R$;    $R$ symmetrisch $\Leftrightarrow R = R^{-1}$;
$R$ transitiv $\Leftrightarrow R \cdot R \subseteq R$.

6. Die „Begründung" startet mit der Annahme, daß es für das Element $x$ (mindestens) ein $y$ mit $xRy$ gibt; d. h., der Schluß ist nur möglich für solche $x$, die mit irgendeinem Element $y \in M$ in der Relation $R$ stehen. Zur Reflexivität von $R$ wäre aber der Nachweis von $xRx$ für *alle* $x$ (aus $M$) nötig.

7. Bis auf c) sind alle Relationen reflexiv, symmetrisch und auch transitiv, also Äquivalenzrelationen. Die unter c) genannte Relation ist nicht symmetrisch.
Die $(2; 5)$ enthaltende Äquivalenzklasse der Relation aus f) ist $\{(x, x + 3) \mid x \in \mathsf{N}\}$.

8. a) Nach S(2.3) überträgt sich die Reflexivität und die Transitivität von $R$ auf $R^{-1}$; also ist auch $R \cap R^{-1}$ reflexiv und transitiv. Außerdem ist $R \cap R^{-1}$ symmetrisch:

$(x, y) \in R \cap R^{-1} \Rightarrow (x, y) \in R$   und $(x, y) \in R^{-1} \Rightarrow$
$(y, x) \in R^{-1}$   und $(y, x) \in R \Rightarrow$
$(y, x) \in R \cap R^{-1}$.

b) Wegen $(x, x) \in R$ und $(x, x) \in S$ für alle $x \in M$ ist auch $(x, x) \in R \cap S$; d. h., $R \cap S$ ist reflexiv. Ist $(x, y) \in R \cap S$, so ist $(x, y) \in R$ und $(x, y) \in S$, und mit der vorausgesetzten Symmetrie für $R$ und $S$ folgt $(y, x) \in R$ und $(y, x) \in S$; folglich $(y, x) \in R \cap S$. Also ist $R \cap S$ auch symmetrisch, und genauso zeigt man die Transitivität.
Für $R \cup S$ gilt dies nicht, wie das Gegenbeispiel $R = \{(a, a),$ $(a, b), (b, a), (b, b)\}$,    $S = \{(a, a), (a, c), (c, a), (c, c)\}$    für $b \neq c$ zeigt: $R \cup S$ enthält $(b, a)$ und $(a, c)$, aber nicht

$(b, c)$, kann also nicht transitiv und damit keine Äquivalenzrelation sein.

9. a) 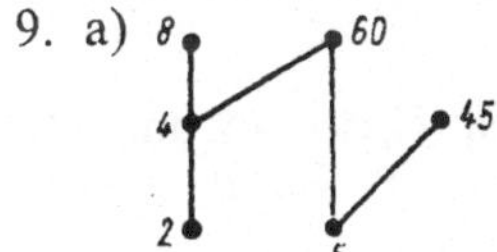

b) Dem in Aufgabe 9a) gezeichneten Diagramm entnimmt man, daß wohl die Aussage „es gibt in $M$ kein rangkleineres Element als 5" richtig ist, falsch hingegen „alle Elemente $y \ne 5$ sind ranggrößer als 5", denn 2 und 5 sind unvergleichbar.

10. a) Die Behauptung ergibt sich durch Anwendung von S(2.3). Sofern einige hier aus S(2.3) benötigte Aussagen im Abschnitt 2.2. nicht bewiesen wurden, hole man dies hier nach!

b) Es gilt $xRx$ für alle $x \in M$ und $ySy$ für alle $y \in N$, also nach Definition von $T$ auch $(x, y)\, T(x, y)$ für alle $(x, y) \in M \times N$. Also ist $T$ reflexiv. Aus $(x_1, y_1)\, T(x_2, y_2)$ und $(x_2, y_2)\, T(x_3, y_3)$ folgt $x_1 R x_2$ und $x_2 R x_3$ sowie $y_1 S y_2$ und $y_2 S y_3$. Die vorausgesetzte Transitivität von $R$ und $S$ gestattet hieraus den Schluß auf $x_1 R x_3$ und $y_1 S y_3$, also auch $(x_1, y_1)\, T(x_3, y_3)$. Also ist $T$ transitiv, und die Antisymmetrie von $T$ zeigt man ebenso.

11. a) Es liegt Unverträglichkeit vor; z. B. gelten in $\mathscr{P}(\{1, 2, 3, 4\})$: $\{1; 2\} \subset \{1, 2, 3\}$, $\{1; 2\}$ hat ebensoviel Elemente wie $\{3; 4\}$, $\{1, 2, 4\}$ hat ebensoviel Elemente wie $\{1, 2, 3\}$, aber $\{3; 4\} \not\subset \{1, 2, 4\}$.

b) Für $x \le y$ muß jedes Element des vollen $f$-Urbildes von $x$ kleiner oder gleich jedem Element des vollen $f$-Urbildes von $y$ sein. Beispielsweise erfüllt die Funktion $f(x) = [x]$ ([$x$]: größte ganze Zahl $\le x$) diese Bedingung.


*Kapitel 3:*

1. Die Einschränkung der Addition von Zahlenfolgen auf die Mengen $M_1$ und $M_3$ sind vollständige Operationen, denn die Summe zweier arithmetischer (monoton wachsender) Folgen ist wieder eine arithmetische (monoton wachsende) Folge. Für geometrische Folgen gilt diese Aussage nicht.

2. Beide Operationen sind kommutativ, jedoch nur $\circ_1$ ist umkehrbar. Zum Beispiel besitzt die Gleichung $b \circ_2 x = c$ in $\{a, b, c, d\}$ keine Lösung. Mit $a$ bzw. $d$ besitzt jede Operation ein neutrales Element.

3. Man kann den Beweis führen durch Untersuchung aller möglichen Fälle, die bez. der Relation $\leq$ für $a$, $b$ und $c$ auftreten können.

4. Das Nacheinanderaufschreiben der Ziffernfolge natürlicher Zahlen ist unabhängig von einer Beklammerung; also ist $\circ_3$ assoziativ. Das Beispiel $12 \circ_3 45 = 1245 \neq 4512 = 45 \circ_3 12$ zeigt die Nichtkommutativität von $\circ_3$. Auch ist $\circ_3$ nicht umkehrbar, denn z. B. besitzt die Gleichung $1467 \circ_3 x = 347$ offenbar keine Lösung. Hingegen ist $\circ_3$ kürzbar; aus $a \circ_3 x_1 = a \circ_3 x_2$ folgt stets $x_1 = x_2$, denn sind zwei natürliche Zahlen gleich, so stimmen (im selben Stellenwertsystem) ihre Ziffernfolgen für jede Stelle überein. Rechts- oder linksneutrale Elemente besitzt $\circ_3$ nicht.

5. Die Operation $\triangle$ ist weder kommutativ noch assoziativ, aber umkehrbar. Sie ist auch kürzbar.

6. Alle drei Operationen sind kommutativ, dagegen ist keine von ihnen assoziativ. $\circ_4$ ist umkehrbar, $\circ_5$ und $\circ_6$ sind es nicht, was durch die unlösbaren Gleichungen $0 \circ_5 x = 9$ bzw. $3 \circ_6 x = 6$ belegt werden kann. Die Kürzbarkeit gilt für $\circ_4$ und $\circ_6$; für $\circ_5$ hingegen nicht, denn aus $\sqrt{0 \cdot x_1} = \sqrt{0 \cdot x_2}$ folgt nicht notwendig $x_1 = x_2$. Daß keine der Operationen ein neutrales Element besitzt, beweist man indirekt, die Idempotenz zeigt man durch Nachrechnen.

7. Anleitung: Es sei
$t_1 = \mathrm{ggT}\,(a, \mathrm{ggT}\,(b, c))$ und $t_2 = \mathrm{ggT}\,(\mathrm{ggT}\,(a, b), c)$,
so gilt $t_1 \mid a$ und $t_1 \mid \mathrm{ggT}\,(b, c)$, d. h., $t_1$ teilt $a$ und $b$ und $c$, also gilt auch $t_1 \mid \mathrm{ggT}\,(a, b)$ und $t_1 \mid c$, woraus $t_1 \mid t_2$ folgt. Ebenso kann man $t_2 \mid t_1$ zeigen. Aus $t_1 \mid t_2$ und $t_2 \mid t_1$ folgt jedoch (in $\mathbb{N}$) $t_1 = t_2$.

8. $\uparrow$ besitzt mit 1 ein rechtsneutrales Element, aber kein linksneutrales. 0 ist neutrales Element von $\square$, und 7 ist neutrales Element von $\circ$.

9. Aus $a^{x_1} = a^{x_2}$ bzw. aus $y_1^q = y_2^q$ folgt $x_1 = x_2$ bzw. $y_1 = y_2$. Man beachte dabei, daß 0 und 1 nicht zur Trägermenge der Operation gehören. Die Nichtlösbarkeit der Gleichung

z. B. $2^x = 7$ in $N \setminus \{0; 1\}$ zeigt, daß die Operation nicht umkehrbar ist.

10. Nur die Operationen d) und f) sind kommutativ; assoziativ sind d), e) und f). Die unlösbaren Gleichungen $2^x = 5$ (für b), $1 \circ x = 4$ (für d), $4 \circ x = 5$ (für e) und $y \circ 4 = 1$ (für f) belegen die Nichtumkehrbarkeit der Operationen. In c) ist jede Gleichung $a \circ x = 2a + x = c$ durch $x = c - 2a$ lösbar, dagegen hat $y \circ 2 = 2y + 2 = 3$ keine Lösung (in G).
Nur d) besitzt mit 0 ein neutrales Element.

11. Als Verknüpfungstafel erhält man untenstehende Tafel. Das Mehrfachprodukt ist gleich $p$. Das Gleichungssystem hat die Lösung $x = n$, $y = p$.
Außergewöhnliche Umformungen von Gleichungen ergeben sich aus der Beziehung $p^2 = q^2 = m^2 = n$ mit $n$ als neutralem Element.

|   | $n$ | $p$ | $q$ | $m$ |
|---|---|---|---|---|
| $n$ | $n$ | $p$ | $q$ | $m$ |
| $p$ | $p$ | $n$ | $m$ | $q$ |
| $q$ | $q$ | $m$ | $n$ | $p$ |
| $m$ | $m$ | $q$ | $p$ | $n$ |

12. Die Lösung ist $\mathfrak{X} = \begin{pmatrix} 1 & -1 \\ 1 & 2 \end{pmatrix}$. Beim Lösen muß genutzt werden, daß die Matrizenmultiplikation distributiv bezüglich der Matrizenaddition ist.
Alle in der Aufgabe vorkommenden Matrizen sind regulär.

*Kapitel 4:*

1. Prime Restklassengruppe mod 12: $n$, $w$, $w$, $w$
Menge aller reellen Funktionen bezüglich Addition:
$w$, $w$, $w$, $w$
Menge $\{1, 2, 3, 6\}$ bezüglich ggT: $w$, $w$, $w$, $f$

2. Die Gebilde a, b, c und d sind Halbgruppen; e, f, g sind Moduln; h ist eine Gruppe (obwohl die Matrizenmultiplikation i. allg. nicht kommutativ ist, bestätigt man h als eine kommutative Gruppe).

3. a) Die Tafel beschreibt keine Gruppe, denn die Verknüpfung ist nicht assoziativ; z. B. ist $(ab)\,d = cd = a$, aber $a(bd) = ac = d$.

b)

| | $a_1$ | $a_2$ | $a_3$ | $a_4$ | $a_5$ |
|---|---|---|---|---|---|
| $a_1$ | $a_1$ | $a_2$ | $a_3$ | $a_4$ | $a_5$ |
| $a_2$ | $a_2$ | $a_3$ | $a_4$ | $a_5$ | $a_1$ |
| $a_3$ | $a_3$ | $a_4$ | $a_5$ | $a_1$ | $a_2$ |
| $a_4$ | $a_4$ | $a_5$ | $a_1$ | $a_2$ | $a_3$ |
| $a_5$ | $a_5$ | $a_1$ | $a_2$ | $a_3$ | $a_4$ |

c) Die herausgegriffenen Zeilen bzw. Spalten mögen zu den „Eingängen" $x$ und $y$ bzw. $z$ und $u$ gehören. Dann ist $xz = e$, d. h., $z = x^{-1}$, und $xu = a$, $yz = b$. Für das gesuchte Produkt ergibt sich:

$$yu = yeu = yx^{-1}xu = (yx^{-1})\,(xu) = (yz)\,(xu) = ba.$$

4. c, e und f sind Ringe; d ist ein Körper; a ist ein Ring, falls die Elemente der Matrizen rationale bzw. reelle Zahlen sind (allgemeiner: falls sie Elemente eines Körpers sind); b ist weder Ring noch Körper.

5. a) Nach S(4.3) ist noch die Umkehrbarkeit der Operation zu zeigen. Die Gleichung $ax = b$ ist stets lösbar, denn läßt man $x$ alle $n$ Elemente von $M$ durchlaufen ($M$ ist als endlich vorausgesetzt, hat also $n$ Elemente), erhält man $n$ Produkte $ax \in M$, unter denen keine zwei gleich sein können. Aus $ax_1 = ax_2$ folgt nämlich wegen der Kürzbarkeit $x_1 = x_2$. Also sind für die $n$ möglichen Faktoren $x$ die $n$ Produkte $ax$ paarweise verschiedene Elemente von $M$, d. h. aber, jedes Element von $M$ (etwa $b$) kommt genau einmal als Produkt (etwa als $ax_0$) vor. Also löst $x_0$ die Gleichung $ax = b$. Analog zeigt man, daß auch $ya = b$ stets lösbar ist.

b) Ist $a \in U$ ($U \neq \emptyset$!), so nach Definition der Untergruppe auch $a^{-1} \in U$ und demnach $a \cdot a^{-1} = e \in U$. Da $e$ alle Elemente von $G$ reproduziert, so erst recht alle Elemente von $U$. Also ist $e$ ein neutrales Element von $U$, und da $U$ eine Gruppe ist, kann es kein weiteres neutrales Element in $U$ geben.

c) Ist z. B. $G$ die Untergruppe aller durch 2 teilbaren ganzen Zahlen (in der additiven Gruppe der ganzen Zahlen), $H$ die Untergruppe aller durch 3 teilbaren ganzen Zahlen, so ist wohl $4 \in G \cup H$ (da $4 \in G$) und $9 \in G \cup H$ (da $9 \in H$), aber $4 + 9 = 13 \notin G \cup H$, da sowohl $13 \notin H$ als auch $13 \notin G$. Folglich ist $G \cup H$ keine Untergruppe.

d) Die Gleichung $ab + x = 0$ wird nach Definition des Inversen durch das Element $-(ab)$ gelöst. Eine weitere Lösung ist $(-a)\,b$, wie die Probe zeigt: $ab + (-a)\,b = [a + (-a)]\,b = 0 \cdot b = 0$, wobei wir der Reihe nach vom Distributivgesetz, von der Definition des Inversen und von der Rolle des Nullelements bei Multiplikation Gebrauch machten. Da die Gleichung $ab + x = 0$ aber in Ringen eindeutig lösbar ist, gilt folglich $-(ab) = (-a)\,b$. Analog zeigt man die anderen Behauptungen.

e) Ergibt sich mittels des Distributivgesetzes sofort durch Ausmultiplizieren; da die Multiplikation in einem Körper kommutativ ist, kann man wie üblich $ab + ba$ zu $2ab$ zusammenfassen (was im Falle $ab \neq ba$ nicht möglich wäre).

6.

| + | 0 1 |
|---|---|
| 0 | 0 1 |
| 1 | 1 0 |

| · | 0 1 |
|---|---|
| 0 | 0 0 |
| 0 | 0 1 |

| + | 0 1 $a$ |
|---|---|
| 0 | 0 1 $a$ |
| 1 | 1 $a$ 0 |
| $a$ | $a$ 0 1 |

| · | 0 1 $a$ |
|---|---|
| 0 | 0 0 0 |
| 1 | 0 1 $a$ |
| $a$ | 0 $a$ 1 |

7. c ist ein Homomorphismus, alle anderen Abbildungen sind Isomorphismen.

8. a) Ein Vergleich der Strukturtafeln beider Gruppen zeigt die Isomorphie; die isomorphe Abbildung $\varphi$ ist gegeben durch $\varphi(f_1) = [1]_8$, $\varphi(f_2) = [3]_8$, $\varphi(f_3) = [5]_8$, $\varphi(f_4) = [7]_8$.

b) Bezeichnet man die beiden Elemente von $(H, +)$ mit 0 und $a$, so liefert die Abbildung $\varphi$ mit

$$\varphi(g) = \begin{cases} 0, & \text{falls } g \text{ gerade,} \\ a, & \text{falls } g \text{ ungerade,} \end{cases}$$

einen Homomorphismus von $(G, +)$ auf $(H, +)$.

c) Der Restklassenmodul mod 6 ist isomorph zur primen Restklassengruppe mod 7 vermöge der Abbildung $\varphi$ mit $\varphi([0]_6) = [1]_7$, $\varphi([1]_6) = [3]_7$, $\varphi([2]_6) = [2]_7$, $\varphi([3]_6) = [6]_7$, $\varphi([4]_6) = [4]_7$, $\varphi([5]_6) = [5]_7$.

Der Restklassenmodul mod 6 ist isomorph zur primen Restklassengruppe mod 9 vermöge der Abbildung $\eta$ mit $\eta([0]_6) = [1]_9$, $\eta([1]_6) = [2]_9$, $\eta([2]_6) = [4]_9$, $\eta([3]_6) = [8]_9$, $\eta([4]_6) = [7]_9$, $\eta([5]_6) = [5]_9$.

Daraus ergibt sich die Isomorphie der primen Restklassengruppe mod 7 zu jener mod 9 vermöge der Abbildung $\varphi^{-1}\eta$. Da der Restklassenmodul mod 6 zyklisch ist, sind es auch die beiden primen Restklassengruppen; erzeugende Elemente sind etwa $[3]_7$ bzw. $[2]_9$.

d) Zunächst ist $\varphi$ eine eineindeutige Abbildung von $G$ auf $G$. Damit $\varphi$ auch Isomorphismus ist, muß gelten: $\varphi(ab) = \varphi(a)\,\varphi(b)$, d. h. aber, $(ab)^{-1} = a^{-1}b^{-1}$. Allgemein gilt in jeder Gruppe $(ab)^{-1} = b^{-1}a^{-1}$. Folglich ist $\varphi$ genau dann Isomorphismus, wenn $G$ eine kommutative Gruppe ist.

9. a) $U_1 = \{1\}$, $U_2 = \{1;4\}$, $U_3 = \{1;11\}$, $U_4 = \{1;14\}$, $U_5 = \{1,2,4,\ 8\}$, $U_6 = \{1,4,7,13\}$, $U_7 = \{1,4,11,14\}$, $U_8 = G$.

b) Ordnung 12: $\{a^0, a^1, ..., a^{11}\} = \langle a\rangle = \langle a^5\rangle = \langle a^7\rangle = \langle a^{11}\rangle$

   Ordnung 6: $\{a^0, a^2, a^4, a^6, a^8, a^{10}\} = \langle a^2\rangle = \langle a^{10}\rangle$

   Ordnung 4: $\{a^0, a^3, a^6, a^9\} = \langle a^3\rangle = \langle a^9\rangle$

   Ordnung 3: $\{a^0, a^4, a^8\} = \langle a^4\rangle = \langle a^8\rangle$

   Ordnung 2: $\{a^0, a^6\} = \langle a^6\rangle$

   Ordnung 1: $\{a^0\} = \langle a^0\rangle$.

c) Jedes homomorphe Bild der Gruppe besteht aus den Fasern bezüglich der jeweiligen homomorphen Abbildung, also nach Aufgabe 9a:

$G/U_1 = G$, $G/U_2 = \{\{1;4\}, \{2;8\}, \{7;13\}, \{11;14\}\}$

$G/U_3 = \{\{1;11\}, \{2;7\}, \{4;14\}, \{8;13\}\}$

$G/U_4 = \{\{1;14\}, \{2;13\}, \{4;11\}, \{7;8\}\}$

$G/U_5 = \{\{1,2,4,8\}, \{7,11,13,14\}\}$

$G/U_6 = \{\{1,4,7,13\}, \{2,8,11,14\}\}$

$G/U_7 = \{\{1,4,11,14\}, \{2,7,8,13\}\}$

$G/U_8 = \{\{1,2,4,7,8,11,13,14\}\}$.

# Sachverzeichnis

E. SCHRÖDER

# Mathematik im Reich der Töne

Mathematische Schülerbücherei
Nr. 106


3. Auflage · 111 Seiten mit 61 Abbildungen
12 cm × 19 cm. 1988. Kartoniert 7,– M

Bestell-Nr. 666 078 4 Bestellwort: Schroeder, Math./Toene


## Inhalt

Licht als Wellenerscheinung · Töne als Schwingungen der Luft · Tonerzeugung in der belebten Natur · Instrumentelle Tonerzeugung · Freie Schwingung einer Punktmasse – Energiebetrachtung · Harmonische Analyse – Ohmsches Gesetz · Monochord – pythagoreisches Stimmungsprinzip · Diatonisches Stimmungsprinzip · Glanz und Verfall des Weltbildes der Pythagoreer · Temperierte Stimmung · Kammerton – Weber-Fechnersches Gesetz – Gesetze von Mersenne · Resonanz · Schallreflexion – Raumakustik · Doppler-Effekt

BSB B. G. TEUBNER VERLAGSGESELLSCHAFT
LEIPZIG